ESTUDIO DE LA CAPACIDAD CONFINANTE DE CEMENTOS BINARIOS Y TERNARIOS CON RESINAS DE INTERCAMBIO IÓNICO DE GRADO NUCLEAR

MONOGRAFÍAS DEL IETcc, N.° 444

Dirección

Maximina Romero Pérez, Instituto de Ciencias de la Construcción Eduardo Torroja (IETcc), CSIC

Secretaría

Román Nevshupa Kasatkin, Instituto de Ciencias de la Construcción Eduardo Torroja (IETcc), CSIC

Comité Editorial

María del Mar Alonso López, Instituto de Ciencias de la Construcción Eduardo Torroja (IETcc), CSIC

Antonio Álvaro Aznar López, Universidad Politécnica de Madrid

Borja Frutos Vázquez, Instituto de Ciencias de la Construcción Eduardo Torroja (IETcc), CSIC

David Izquierdo López, Universidad Politécnica de Madrid

Ángel Manuel González Santos, Centro de Estudios y Experimentación de Obras Públicas (CEDEX)

Sonia Martínez de Mingo, Instituto de Ciencias de la Construcción Eduardo Torroja (IETcc), CSIC

Mónica Martínez Martínez, Universidad de Alcalá de Henares

Isabel María Martínez Sierra, Instituto de Ciencias de la Construcción Eduardo Torroja (IETcc), CSIC

Juan Carlos Pérez Sánchez, Universidad de Alicante

Rena C. Yu, Universidad de Castilla-La Mancha

ESTUDIO DE LA CAPACIDAD CONFINANTE DE CEMENTOS BINARIOS Y TERNARIOS CON RESINAS DE INTERCAMBIO IÓNICO DE GRADO NUCLEAR

María Criado Sanz

María Jimena de Hita Fernández

CONSEJO SUPERIOR DE INVESTIGACIONES CIENTÍFICAS

Madrid, 2025

Cómo citar: Criado Sanz, M.ª e Hita Fernández, M.ª J. *Estudio de la capacidad confinante de cementos binarios y ternarios con resinas de intercambio iónico de grado nuclear*. Madrid: CSIC, 2025.

Catálogo de Publicaciones de la Administración General del Estado:
https://cpage.mpr.gob.es

EDITORIAL CSIC: *http://editorial.csic.es* (correo: *editorialcsicpubl@csic.es*)

ISBN: 978-84-00-11465-7
e-ISBN: 978-84-00-11466-4
NIPO: 155-25-109-7
e-NIPO: 155-25-110-X
Depósito legal: M-16240-2025

Coordinación editorial: Enrique Barba (Editorial CSIC)
Corrección: Joaquín Dacosta
Maquetación: Gráficas Blanco, S. L.
Impresión y encuadernación: Fragma
Impreso en España. *Printed in Spain*

En esta edición se ha utilizado papel ecológico sometido a un proceso de blanqueado ECF, cuya fibra procede de bosques gestionados de forma sostenible.

ÍNDICE

1. INTRODUCCIÓN

1.1. Tipos y gestión de residuos radiactivos

El gran desarrollo de la tecnología nuclear durante la segunda mitad del siglo XX, y el aumento de su uso en diversas disciplinas, como en la producción de energía, en medicina, agricultura, minería e investigación, han planteado la necesidad de diseñar una gestión adecuada para los residuos radiactivos generados.

En España, el concepto de residuo radiactivo está definido de la siguiente manera en el artículo 2 de la *Ley 25/1964, de 29 de abril, sobre energía nuclear:*

> Residuo radiactivo es cualquier material o producto de desecho, para el cual no está previsto ningún uso, que contiene o está contaminado con radionucleidos en concentraciones o niveles de actividad superiores a los establecidos por el Ministerio para la Transición Ecológica y Reto Demográfico, previo informe del Consejo de Seguridad Nuclear (CSN) [1].

El marco regulador de las actividades de gestión de residuos radiactivos se basa en acuerdos y convenios internacionales, siendo de especial importancia la Convención Conjunta sobre Seguridad en la Gestión del Combustible Gastado y sobre Seguridad en la Gestión de Residuos Radiactivos, adoptada en Viena en 1997. La Convención Conjunta es el único instrumento jurídicamente vinculante que aborda la seguridad de la gestión del combustible gastado y de los residuos radiactivos a nivel internacional. Hasta marzo de 2024 [2] la Convención Conjunta ha sido firmada por noventa países, com-

prometiéndose así a nivel internacional a exigir los más altos niveles de seguridad en la gestión de estos materiales, siguiendo las recomendaciones del Organismo Internacional de Energía Atómica (OIEA).

En la Unión Europea, la gestión de los residuos radiactivos debe realizarse de acuerdo con la Directiva Euratom del Consejo [3]. Euratom estableció en 2011 un marco comunitario para la gestión responsable y segura del combustible nuclear gastado y los residuos radiactivos. De este modo, cada país transpone esta normativa a nivel nacional estableciendo los marcos reguladores nacionales.

El marco normativo español en materia de seguridad nuclear y protección radiológica se basa en una jerarquía de leyes nacionales, principalmente la *Ley 25/1964, de 29 de abril, sobre energía nuclear* [1], reglamentos técnicos y reales decretos de carácter reglamentario, como el *Real Decreto 102/2014, de 21 de febrero, para la gestión responsable y segura del combustible nuclear gastado y los residuos radiactivos* [4], normativa internacional y, en algunos casos, normativa autonómica. En este contexto, el Consejo de Seguridad Nuclear (CSN) desempeña un papel clave como autoridad reguladora independiente en materia de seguridad nuclear y protección radiológica en España.

La gestión de residuos radiactivos en España está encomendada a la Empresa Nacional de Residuos Radiactivos (Enresa), que, desde su creación en 1984, ha elaborado el inventario de residuos radiactivos en España a partir de los datos recibidos de todos los productores, conforme a lo establecido en el *Real Decreto 102/2014, de 21 de febrero*. En la tabla 1.1 se recoge el inventario de residuos genera-

Tabla 1.1. Inventario de residuos radiactivos generados en España durante el año 2022 [5].

Origen del residuo	Residuos de baja actividad (m³)	Residuos de media actividad (m³)	Residuos especiales (m³)	Residuos de alta actividad (m³)	Total (m³)
Residuos de operación	11 700	37 100	15	8900	57 715
Residuos de desmantelamiento	19 600	4000	185	—	23 785
Total	31 300	41 100	200	8900	81 500

dos en el año 2022 realizado por Enresa [5]. Las labores de gestión de dichos residuos se detallan en el 7.º Plan General de Residuos Radiactivos (PGRR). El PGRR, elaborado por Enresa y aprobado por el Gobierno, establece en España la política en materia de gestión de residuos radiactivos y el desmantelamiento y clausura de las instalaciones nucleares [6].

La gestión responsable de los residuos radiactivos requiere la implementación de medidas que protejan a las personas y al medio ambiente de los posibles efectos adversos que puedan generar estos residuos, ahora y en el futuro. Los principios fundamentales en los que debe basarse la gestión de residuos radiactivos pueden resumirse en las siguientes premisas [7, 8]:

I. Protección de la salud humana y protección del medio ambiente. En todas las actividades deben aplicarse las recomendaciones de la Comisión Internacional de Protección Radiológica (ICPR), basadas en los principios de justificación, optimización y limitación de dosis [9].

II. Protección más allá de las fronteras nacionales. Ningún país debe imponer a otros países efectos nocivos que no se consideren aceptables dentro de sus propias fronteras.

III. Protección de las generaciones futuras. Es necesario lograr una garantía razonable de que no habrá efectos inaceptables sobre la salud humana para las generaciones futuras. Esto se consigue mediante sistemas de barreras múltiples que a menudo incluyen barreras naturales.

IV. Cargas para las generaciones futuras. La generación que se beneficia de una práctica debe asumir la responsabilidad de gestionar los residuos resultantes.

V. Marco normativo nacional. Los residuos deben gestionarse dentro de un marco jurídico nacional que incluya una clara definición de responsabilidades y el establecimiento de funciones u organismos reguladores independientes de los operadores.

VI. Control de la producción de residuos radiactivos. La generación de residuos radiactivos debe ser tan baja como sea razonablemente posible, tanto en términos de actividad como de volumen.

VII. Interdependencia entre la producción y la gestión de residuos radiactivos. Debe tenerse en cuenta la importante interdependencia de las distintas etapas de la gestión de residuos, desde la producción hasta el almacenamiento definitivo.

VIII. Seguridad de las instalaciones. Es necesario garantizar la seguridad de las instalaciones de gestión de residuos radiactivos durante todas las etapas de su vida útil, incluida la prevención de accidentes y la limitación de las consecuencias en caso de que se produzcan.

Para conseguir una gestión segura de los residuos radiactivos es necesario atender a las características particulares que estos pueden presentar. Por ello, los residuos radiactivos se suelen clasificar atendiendo a distintos criterios, como, por ejemplo, según su estado físico (gaseosos, líquidos y sólidos, que a su vez podrían clasificarse en residuos compactables, incinerables, metálicos, etc.), según el tipo de radiación que emitan (alfa, beta, gamma, neutrones), según el periodo de semidesintegración de los radioisótopos que contienen (vida corta o vida larga), o según su actividad específica (actividad alta, media y baja).

El OIEA propone una clasificación de los residuos radiactivos considerando el nivel de actividad específica y el periodo de semidesintegración, cuyos criterios se resumen en la tabla 1.2 [10].

En la clasificación propuesta por el OIEA se consideran varios límites cuantitativos: *a*) una dosis efectiva máxima para miembros de la población de 10 μSv/año, como límite para la exención o desclasificación de los residuos; *b*) 30 años de periodo de semidesintegración como límite para distinguir entre residuos de vida corta y vida larga, que coincide con el periodo de semidesintegración del Sr-90 (28,8 años) y el Cs-127 (30,17 años); *c*) un contenido medio de 400 Bq/g y máximo de 4000 Bq/g de emisores alfa de vida larga para que el residuo deba ser considerado de vida larga; y *d*) una potencia calorífica superior a 2 kW/m^3 para que el residuo deba ser considerado de alta actividad (también se debe exceder el límite en emisores alfa de vida larga).

En España, dentro de la categoría de RBMA, se está considerando otro grupo de residuos, los de muy baja actividad (RMBA), que contienen radionúclidos en concentraciones muy bajas y cuyo almacenamiento no requiere sistemas de aislamiento tan complejos como para el resto de los RBMA. Estos residuos solo alcanzan unas concentraciones de actividad del orden de 10 a 1000 Bq/g y proceden, principalmente, del desmantelamiento de las cen-

Tabla 1.2. Categorías de residuos radiactivos propuestas por el OIEA [10].

Categoría del residuo	Características típicas	Sistemas de almacenamiento	Origen
Residuos exentos o desclasificados (RE).	Niveles de actividad cuya liberación no implique una dosis anual a los miembros de la población superior a 10 µSv.	Sin restricciones radiológicas.	
Residuos de baja o media actividad (RBMA).	Niveles de actividad cuya liberación pueda implicar una dosis anual a los miembros de la población superior a 10 µSv y que tengan una potencia térmica inferior a 2 kW/m³.		
Residuos de baja o media actividad y vida corta (RBMA-VC).	Concentración limitada de radionucleidos de vida larga (4000 Bq/g de emisores alfa de vida larga como máximo en lotes individuales, con un valor medio de 400 Bq/g en el conjunto).	Sistemas de almacenamiento en superficie o sistemas geológicos.	Operación y desmantelamiento de centrales nucleares. Instalaciones médicas e industriales.
Residuos de baja o media actividad y vida larga (RBMA-VL).	Concentraciones de radionucleidos de vida larga superiores a las de los residuos de vida corta.	Sistemas geológicos de almacenamiento.	Operación y desmantelamiento de centrales nucleares. Instalaciones médicas e industriales.
Residuos de alta actividad (RAA).	Potencia térmica superior a 2 kW/m³ y concentraciones de radionucleidos de vida larga superiores a las de los residuos de vida corta.	Sistemas geológicos de almacenamiento.	Combustible gastado en la operación de las centrales nucleares.

trales nucleares, actividades mineras y de fabricación de concentrados de uranio necesarios para la producción de combustible nuclear [11].

La presente monografía se centra en el acondicionamiento de los residuos de baja y media actividad. Dentro de esta categoría se pueden distinguir diferentes tipologías de residuos en función de la naturaleza de los mismos recogidas en la figura 1.1 [10]. Estos residuos comprenden:

— Resinas: Suspensiones de resinas de intercambio iónico que, una vez agotadas, se descargan de los desmineralizadores de los sistemas de purificación. Los sistemas de intercambio de retención de boro, cesio y cobalto son especialmente importantes, ya que descontaminan el refrigerante de radioisótopos e impurezas químicas.
— Concentrados de evaporadores: Disoluciones de sales concentradas procedentes de evaporadores para el tratamiento de ácido bórico, y efluentes de procesos.
— Lodos: Fangos procedentes de descontaminación de superficies, depósitos, filtros precipitados, limpieza de vías de comunicación para el traslado de combustible gastado, etc.

— Materiales compactables: Equipos de protección individual (EPI) como vestimenta específica, filtros de ventilación, trapos, utensilios de plástico, etc.
— Sólidos no compactables: Herramientas, piezas metálicas, escombros, maderas, etc.
— Filtros de circuitos líquidos: Filtros metálicos de sistemas de proceso.
— Residuos no operacionales o derivados de actuaciones puntuales como el tratamiento de efluentes con Sb-125.

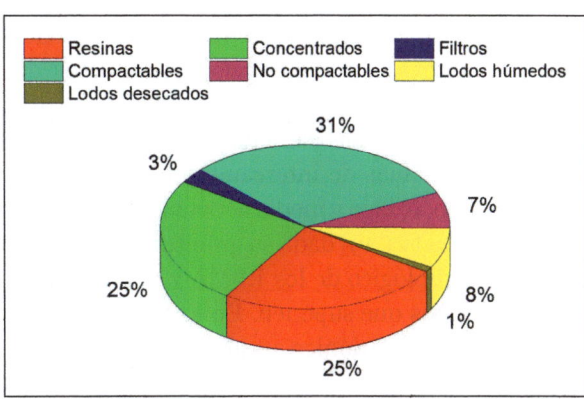

Figura 1.1. Tipología de residuos de baja y media actividad en función de su naturaleza y contribución en volumen al inventario total en España [10].

1.2. Resinas de intercambio iónico

Las resinas de intercambio iónico (IER) son materiales que suelen tener forma de pequeñas esferas, como se aprecia en la figura 1.2, que pueden intercambiar determinados iones de su estructura por otros iones presentes en una disolución que fluye a través de ellas [12, 13]. Las IER suelen consistir en un esqueleto de poliestireno-divinilbenceno con grupos funcionales sulfónicos y de amina cuaternaria en el caso de las resinas catiónicas o aniónicas, respectivamente. Las IER catiónicas y aniónicas eliminan cationes y aniones respectivamente en disolución por intercambio iónico de iones H^+ y OH^- en los grupos funcionales.

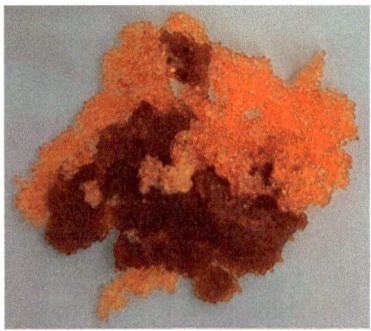

Figura 1.2. Resinas aniónicas de intercambio iónico de grado nuclear [14].

Las resinas de intercambio iónico se emplean ampliamente para la descontaminación de efluentes radiactivos en instalaciones nucleares [13, 15]. Las resinas se disponen en lechos mixtos dentro de los sistemas de purificación. En el proceso de intercambio iónico, las resinas atrapan los radioisótopos y otras impurezas químicas disueltas en los efluentes. Al final de su vida operativa, cuando se saturan y pierden eficacia purificadora, se sustituyen por nuevas resinas y se categorizan como residuos radiactivos que contienen principalmente productos de fisión y activación [16, 17], por lo que deben gestionarse en función de sus características particulares [15, 18]. Las resinas de intercambio iónico usadas son un residuo de baja y media actividad de destacada importancia [13, 19] dada su gran contribución al inventario radiológico de los RBMA y al gran volumen de residuos que suponen. En España, las resinas de intercambio iónico usadas constituyen un 25 % del volumen total de residuos categorizados como de baja y media actividad, como se ha indicado en la figura 1.1 [10] y, por lo tanto, el acondicionamiento para su disposición final es una cuestión de

especial relevancia para la industria nuclear. Además, las resinas se consideran residuos problemáticos que, en muchos casos, requieren enfoques y precauciones especiales durante su inmovilización para cumplir los criterios de aceptación de residuos [15].

Para la elaboración de esta monografía se han empleado resinas usadas no radiactivas, en las que se simula la química de las condiciones de operación de la resina, pero utilizando isótopos estables evitando así una exposición innecesaria a la radiación, ya que el comportamiento químico es similar para cualquier isótopo del mismo elemento. En particular, se ha simulado la química en funcionamiento de las resinas de intercambio iónico en el sistema de refrigeración de emergencia de un reactor de tipo Reactor de Agua a Presión (PWR). Este sistema forma parte del circuito primario del reactor y se caracteriza por la elevada presencia de boro en el mismo. El boro tiene una sección eficaz de captura neutrónica relativamente alta para neutrones térmicos, es decir, neutrones de bajas energías cinéticas ($\approx 0,025$ eV), y por ello se utiliza para controlar la reactividad de la reacción de fisión del uranio [20, 21]. La reacción nuclear de captura neutrónica entre el boro y los neutrones térmicos puede representarse de la siguiente manera:

$$^{10}B + {}^{1}n \rightarrow {}^{7}Li + {}^{4}He + 2{,}31 \text{ MeV}$$

Esta reacción es esencial en los sistemas de control de los reactores nucleares, ya que la captura de neutrones por el ^{10}B reduce los neutrones disponibles en el medio, lo que hace posible controlar la reacción nuclear de fisión en cadena. Además, la reacción se produce muy rápidamente, lo que permite detener la reacción nuclear en un corto periodo de tiempo. Por tales razones, estas resinas de intercambio iónico gastadas tienen una alta saturación de boro.

1.3. Inmovilización directa de residuos radiactivos por cementación

El tratamiento y el acondicionamiento de residuos comprenden un conjunto de procesos físicos y químicos y operaciones destinados a la adecuación del residuo generado con el fin de optimizar la seguridad y/o economía de su gestión, mediante el cumplimiento de especificaciones de seguridad (limitaciones de isótopos autorizados, actividad contenida o forma físico-química) para el almacenamiento definitivo o temporal.

Estas resinas gastadas se clasifican como residuos radiactivos de baja y media actividad y, para cumplir los criterios de aceptación de residuos de las autoridades reguladoras, las IER deben tratarse para obtener una forma de residuo física y químicamente estable. Durante las últimas décadas se han explorado diferentes enfoques para el acondicionamiento de estos residuos. La inmovilización directa consiste en la producción de la forma definitiva del residuo para su almacenamiento y disposición final, siendo preferibles los métodos de solidificación en cemento, betún y polímero [22, 23]. Una ventaja de esta metodología es que la inmovilización puede llevarse a cabo cerca de la fuente de generación de residuos [15, 24]. Por otra parte, los métodos de inmovilización indirecta implican la descomposición física, mecánica o química de las IER, generando un producto intermedio que requiere una inmovilización posterior, como la realización de un procedimiento mediante un tratamiento térmico (calcinación) previo o mediante vitrificación [19, 25, 26]. La vitrificación reduce sustancialmente el volumen de residuos y el residuo final presenta una excelente estabilidad a la radiación y resistencia a la lixiviación. Sin embargo, entre los inconvenientes de este método, cabe destacar la necesidad de altas temperaturas para su funcionamiento, la liberación de contaminantes volátiles y los elevados costes asociados [27]. Por ello, la inmovilización directa de las resinas de intercambio iónico gastadas en matrices cementantes es la opción de gestión utilizada en muchos países.

Una vez tratados e inmovilizados, los RBMA procedentes de las centrales nucleares se almacenan en bidones metálicos de 220 litros de acero al carbono. Esto es lo que se conoce como *bulto,* que consiste en el residuo radiactivo, el agente de acondicionamiento y el embalaje que lo alberga. En España estos bultos se almacenan en el centro de El Cabril, ubicado en Córdoba, y deben cumplir con un conjunto de criterios de aceptación en la instalación relacionados con la resistencia mecánica, resistencia a la lixiviación, resistencia a los ciclos térmicos, contenido de radionucleidos de periodo de semidesintegración elevado, etc.

Posteriormente, la opción más habitual es su almacenamiento en un repositorio en superficie o cerca de la superficie. Una instalación de almacenamiento en superficie tiene como objetivos de seguridad proteger a las personas y al medio ambiente de los efectos de las radiaciones ionizantes y permitir que el emplazamiento se utilice sin limitaciones especiales por razones de protección radiológica durante un periodo no superior a 300 años tras el cierre de las actividades.

Para cumplir estos objetivos, se aplican dos criterios básicos de seguridad. Por un lado, el aislamiento de los residuos mediante barreras múltiples redundantes e independientes [28], que impidan la dispersión de los elementos radiactivos. Estas barreras comprenden la forma físico-química de inmovilización del material de los residuos radiactivos, el embalaje de los contenedores, las barreras de ingeniería y el terreno natural del emplazamiento (figura 1.3). Por otro lado, los bultos de residuos inmovilizados deben presentar ciertas características que garanticen su integridad estructural en condiciones de transporte y repositorio, así como la inmovilización de radionucleidos. Para ello, se limita la actividad total y la concentración de radioisótopos en el residuo acondicionado, se establecen criterios mínimos que deben cumplirse sobre la resistencia a la compresión, permeabilidad y tasas de lixiviación, entre otros [29]. Estas limitaciones se denominan *criterios de aceptación de residuos* [22].

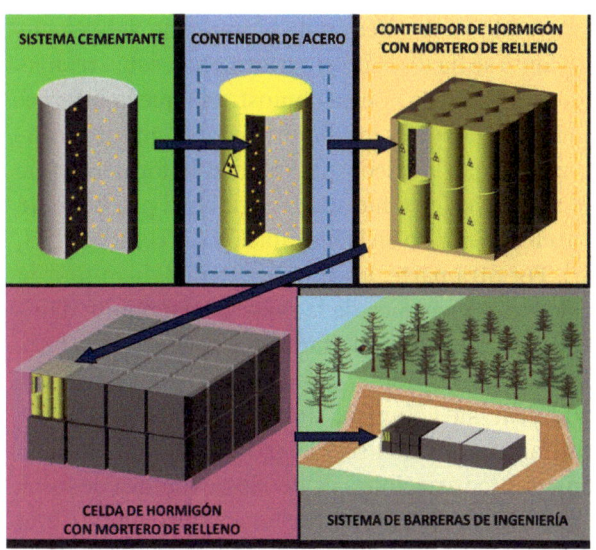

Figura 1.3. Esquema de protección multibarrera en el repositorio de residuos de baja y media actividad en España [14].

En las últimas décadas, la cementación se ha utilizado para inmovilizar las IER gastadas [13, 16, 30-34], debido a las numerosas ventajas prácticas de este sistema de acondicionamiento, como buenas propiedades mecánicas y físicas, estabilidad térmica y a la radiación, fácil operación y precio asequible. El proceso de cementación no requiere altas presiones ni altas temperaturas, y no existe riesgo de ignición, explosión o irradiación [33]. Además, el cemento es un material adecuado para el acondicionamiento de residuos porque, por un lado, los productos de hidratación del cemento favorecen la sorción de especies radiactivas y, por otro, la microestructura de los geles de cemento asegura la inmovilización física de los residuos radiactivos [35, 36]. Sin embargo, hay ciertos residuos radiactivos cuyo proceso de cementación presenta dificultades debido a procesos de incompatibilidad con el cemento y, por tanto, necesitan un enfoque individualizado, por ejemplo, las resinas de intercambio iónico gastadas [35, 36]. El contenido de resina en la matriz cementante se mantiene normalmente por debajo del 20 % en volumen, debido a que, con contenidos de residuo más elevados, se ha observado que los sistemas de acondicionamiento se agrietan y se deterioran en el agua [23, 37].

Durante la optimización del proceso de solidificación deben abordarse aspectos como el contenido máximo de resinas usadas que puede incluirse en el material cementante, la lixiviación de radionucleidos o el control del calor de hidratación [23]. Además, debe tenerse en cuenta que las resinas pueden intercambiar iones con el medio cementante, influyendo en la reacción de hidratación del cemento. Como se ha descrito anteriormente, estas resinas son ricas en boro y se ha demostrado que la interacción entre el boro y los materiales cementantes causa problemas técnicos que inhiben la formación de gel silicato cálcico hidratado, principal producto de reacción formado en la hidratación del cemento [38, 39]. Por otra parte, las resinas pueden disminuir la resistencia mecánica de la matriz cementante debido a su naturaleza altamente porosa. Por último, también se ha observado que las resinas pueden modificar su volumen, donde el hinchamiento o contracción pueden ser causados por intercambios iónicos y/o variaciones de presión osmótica debidos a gradientes de concentración, dando lugar a una microfisuración de la matriz cementante [17, 38].

En muchos casos, como agente de acondicionamiento se utilizan, además del cemento Portland, materiales cementantes suplementarios, es decir, materiales inorgánicos que reemplazan parcialmente al cemento Portland para mejorar las propiedades del hormigón fresco y endurecido [40]. En esta monografía se ha considerado como referencia comparativa una formulación basada en cemento Portland con ceniza volante como material cementante suplementario. Esta ceniza es un residuo industrial que se origina en la combustión del carbón en los hornos de las centrales termoeléctricas. Se ha evaluado este sistema como referencia debido a que es una formulación que se utiliza actualmente en España para la inmovilización de residuos radiactivos. En concreto, la formulación que se va a considerar referencia está constituida por un 64 % de cemento Portland y un 36 % de cenizas volantes.

Por todo ello, para mejorar la gestión de resinas de intercambio iónico gastadas de grado nuclear deben optimizarse aspectos como las propiedades mecánicas de la matriz, de manera que sea posible aumentar la relación resina/matriz cementante y, de esta forma, reducir el volumen y los costes asociados a su gestión [12, 36, 38, 41]. Con este fin se estudia en la presente monografía un parámetro fundamental para la evaluación del residuo acondicionado como es el índice de lixiviación. Además, para ampliar el conocimiento sobre el sistema cementante se realiza una evaluación más exhaustiva de las características en estado fresco y endurecido de la matriz cementante. Por otra parte, considerando la disponibilidad de materias primas, así como la certificación/homologación de los materiales utilizados, es necesario evaluar la viabilidad de formulaciones cementantes alternativas, que incluyen otros materiales cementantes suplementarios como la escoria que procede de la fabricación del hierro fundido en altos hornos.

En estudios previos se observó que una mezcla de cemento Portland y de escoria de alto horno presentaba una mejor estabilidad para la encapsulación de IER. Una velocidad de hidratación más lenta permite acomodar las deformaciones causadas por el intercambio entre iones de sodio y calcio [38]. También se detecta una reducción de la lixiviación de boro debida al refinamiento de la microestructura porosa, así como a la formación de una película carbonatada en la superficie de la matriz en el cemento de escoria de alto horno [42].

Las propiedades del agente de acondicionamiento que contienen las resinas de intercambio iónico gastadas se ven influidas por las composiciones y proporciones del material cementante, las características y el dopado de la resina, las relaciones agua/cemento y residuo/cemento, y las condiciones de solidificación. Por todo ello, en esta monografía se estudia la capacidad confinante de dos nuevas formulaciones de cementos binarios (cemento Portland y escoria de alto horno) y de ternarios (cemento Portland, ceniza volante y escoria de alto horno) para el acondicionamiento de resinas de intercambio iónico. Se evalúa la viabilidad de estas matrices y su posible optimización a fin de aumentar la relación resina/cemento del sistema, lo que permitiría reducir tanto el volumen total del residuo a gestionar en el repositorio como los costos asociados a su gestión.

2. OBJETIVOS

El objetivo principal de esta monografía es desarrollar dos nuevas formulaciones cementantes para la inmovilización de residuos de baja y media actividad que acondicionen de forma segura resinas de intercambio iónico de grado nuclear gastadas (IER). Se busca, por tanto, mejorar las prestaciones técnicas de la actual matriz de confinamiento, con el fin de aumentar la relación resina/cemento en el repositorio final. El estudio de estas formulaciones se ha centrado en la evaluación de sus propiedades en estado fresco, su mineralogía y su microestructura y su estabilidad química frente a lixiviación. Con fines comparativos se evalúa, a su vez, un sistema base cemento Portland y ceniza volante actualmente utilizado en la inmovilización de IER.

Para alcanzar el objetivo principal, se establece una serie de metas específicas que determinan las diferentes etapas de esta investigación:

— Desarrollo de un procedimiento para obtener resinas nucleares simuladas no radiactivas que simulen el funcionamiento en los sistemas del circuito primario de un reactor de agua a presión, y desarrollo de una metodología para incorporar los residuos de resina de intercambio iónico gastados al material cementante.

— Diseño de las formulaciones de cementos binarios y ternarios con los residuos inmovilizados. Evaluación de las propiedades de las nuevas formulaciones y de la matriz de referencia a base de cemento Portland y ceniza volante con la incorporación de resinas de intercambio iónico gastadas:

a) Evaluación de las propiedades en estado fresco: tiempo de fraguado, trabajabilidad y cinética de reacción.

b) Caracterización de la mineralogía y de la microestructura mediante diferentes técnicas como difracción de rayos X (DRX), espectroscopia infrarroja por transformada de Fourier (FTIR), microscopía electrónica de barrido con análisis de espectroscopia de rayos X de dispersión de energías (SEM-EDX), y espectroscopia de resonancia magnética nuclear giratoria en ángulo mágico (RMN-MAS).

— Diseño y evaluación de ensayos de lixiviación del residuo acondicionado mediante un procedimiento de ensayos acelerados para residuos de baja y media actividad, de acuerdo con la norma ANSI/ANS-16.1-2019.

3. PROCEDIMIENTO EXPERIMENTAL

3.1. Resinas de intercambio iónico y procedimiento de carga

En este estudio se ha empleado un lecho mixto de resinas de intercambio catiónico y aniónico (figura 3.1), con una proporción de 50:50 % peso/peso. Estas resinas han sido suministradas por la empresa Auxicolor S. L. (España), y sus características se detallan en la tabla 3.1. La resina catiónica (Purolite NRW-1100) se presenta en forma H^+ y la resina aniónica (Purolite NRW-6000), en forma OH^-. La resina catiónica tiene una estructura de gel de poliestireno sulfonado totalmente protonado y reticulado con divinilbenceno y su capacidad total es de 2,0 eq/L, según marca el fabricante. La resina aniónica, por su parte, presenta una estructura de gel de poliestireno de amonio cuaternario de tipo I totalmente protonado y reticulado con divinilbenceno y su capacidad total es de 1,1 eq/L, según el fabricante. El tamaño medio de las partículas en volumen, $D_v(50)$, de las resinas es de 662 µm para la resina de tipo catiónico y de 682 µm para la resina aniónica.

Figura 3.1. Izquierda: resina aniónica. Derecha: resina catiónica de intercambio iónico.

Tabla 3.1. Propiedades físicas y químicas de las resinas de intercambio iónico. Caracterización realizada por Purolite, la empresa fabricante de las resinas de intercambio iónico.

Nombre comercial	NRW-6000	NRW-1100
Tipo de resina	Resina aniónica de base fuerte, forma hidróxido	Resina de catión ácido fuerte, forma hidrógeno
Estructura del polímero	Gel de poliestireno reticulado con divinilbenceno	Gel de poliestireno reticulado con divinilbenceno
Aspecto	Perlas esféricas	Perlas esféricas
Grupo funcional	Amonio cuaternario de tipo I	Ácido sulfónico
Capacidad total	1,1 eq/l (forma de OH^-)	2 eq/l (forma de H^+)
Retención de humedad	43-48 % (forma de Cl^-)	46-50 % (forma de H^+)
Diámetro medio	625 ± 75 µm	650 ± 50 µm
Coeficiente de uniformidad (máx.)	1,2	1,2
Conversión (mín.)	95 % (forma de OH^-)	99,9 % (forma de H^+)
Impurezas Hierro (máx.)	50 ppm	50 ppm
Impurezas Sodio (máx.)	20 ppm	40 ppm
Impurezas metales pesados (máx.)	30 ppm	40 ppm
Peso específico	1,08	1,22
Tipo de resina	660-700 g/l	760-800 g/l

Las resinas se saturan con una disolución que simula la química del sistema de refrigeración de emergencia de un PWR que se encuentra en el circuito primario del reactor. La composición, así como la selección y dosificación de elementos y el pH de la disolución, se han definido en función de un inventario medio de isótopos determinado para este sistema en un PWR español. La disolución en la que se saturan las resinas está compuesta por ácido bórico, cloruro de cobalto, nitrato de níquel, cloruro de estroncio, cloruro de cesio y sulfato de cobre con un pH ajustado a 7,1 ± 0,1.

Para la saturación de las IER, se introducen las resinas en la disolución de saturación en una proporción sólido:líquido de 1:3. Se controla la conductividad eléctrica y se realizan mediciones ICP-OES en el sobrenadante. La disolución se sustituye cuando las concentraciones iniciales permanecen constantes. Tras la saturación, la suspensión de resinas se filtra y se almacena para el posterior proceso de inmovilización. La composición de la disolución sintética de saturación se indica en la tabla 3.2. Durante el proceso de dopado, las resinas presentan un aumento de peso del 10-13 % debido a la retención de agua. Esta retención de agua se tiene en cuenta en la relación agua/cemento para preparar las pastas de los sistemas cementantes.

Tabla 3.2. Composición de la disolución de saturación de las resinas de intercambio iónico.

Compuestos	mg/l
Ácido bórico	7400,00
Cloruro de cobalto	0,45
Nitrato de níquel	71,00
Cloruro de estroncio	12,60
Cloruro de cesio	308,38
Sulfato de cobre	1,00

3.2. Formulaciones y preparación de pastas

Las dos nuevas formulaciones utilizadas en este estudio para la inmovilización de las IER gastadas-

consisten en 64 % en peso de CEM I 42,5R (C), suministrado por la empresa Cementos Portland Valderrivas, España, y en 36 % en peso de escoria de alto horno (S), suministrada por la empresa Calumite Ibérica, o una mezcla de escoria de alto horno o ceniza volante (A), suministrada por una central eléctrica española en la misma proporción, 18 % en peso de escoria y 18 % en peso de ceniza volante. Los porcentajes de materiales cementantes utilizados se establecen tomando como referencia una formulación cementante actualmente en uso en España para la gestión de este tipo de residuos, la cual está constituida por 64 % en peso de cemento Portland y 36 % en peso de cenizas volantes. La tabla 3.3 recoge la composición química de las tres materias primas utilizadas en las mezclas cementantes determinada mediante espectroscopia de fluorescencia de rayos X. La superficie específica de las materias primas se determina mediante granulometría láser y los tamaños medios de partícula, mediante el método BET. El cemento, la escoria y la ceniza volante tienen una superficie específica y un tamaño medio de partícula de 2203, 1154 y 2023 m²/kg y 5,3, 3,8 y 38,4 μm, respectivamente. En el posible uso de las formulaciones analizadas en este estudio, se garantiza el suministro de las materias primas cemento, escoria y ceniza, o materiales con características similares, a través de proveedores tanto nacionales como internacionales.

Para la preparación de las pastas, se mezcla el cemento Portland con la ceniza volante (formulación CA) o la escoria (formulación CS) o la mezcla de ambas materias primas (formulación CAS) y un 7,5 % de resina respecto al peso del material cementante, sin considerar el agua, aproximadamente un 12 % en volumen, valor inferior al umbral establecido en previos estudios [23, 27], en una túrbula durante una hora para garantizar la homogeneidad de las mezclas. La tabla 3.4 indica el diseño de mezcla de las pastas cementantes con la resina de intercambio iónico preparadas en esta monografía. Este porcentaje de resina ha sido seleccionado en función de los resultados obtenidos en De Hita [14], donde se

Tabla 3.3. Composición química de las tres materias primas usadas en las formulaciones. También se muestra la pérdida por ignición (L.o.l) en 1000 °C.

Óxidos (% peso)	CaO	SiO₂	Al₂O₃	MgO	SO₃	TiO₂	Fe₂O₃	K₂O	Otros	L.o.l.
C	64,31	16,59	4,74	0,91	4,01	0,21	2,38	1,01	3,28	2,56
S	45,70	32,32	9,59	7,13	1,59	0,94	0,54	0,46	0,78	0,95
A	4,78	42,44	26,95	0,80	1,44	1,07	18,40	1,53	0,99	1,60

Tabla 3.4. Diseños de mezcla para la preparación de las pastas cementantes (100 g) con la IER.

Pasta cementante	CA	CAS	CS
Cemento (g)	59,20	59,20	59,20
Ceniza volante (g)	33,30	16,65	0,00
Escoria (g)	0,00	16,65	33,30
Resina (g)	7,50	7,50	7,50
Relación a/c	0,45	0,45	0,45
Agua total (g)	45,00	45,00	45,00
Agua resina (g)	1,13	1,13	1,13
Agua añadida (g)	43,87	43,87	43,87

limita a 7,5 % el porcentaje máximo posible de resina que admite la formulación referencia imponiendo como requisito que el tiempo inicial de fraguado no supere las 24 horas, obteniendo una adecuada trabajabilidad para determinar sus propiedades en estado endurecido. Además, debe mencionarse que existen unos criterios de aceptación que la matriz cementante debe cumplir para que sea viable como agente de acondicionamiento de residuos radiactivos. Entre estos criterios de aceptación se encuentra la resistencia a compresión, la cual debe ser superior a 10 MPa en España. En esta monografía no se ha tenido en cuenta, ya que no se ha estudiado la máxima cantidad de resina que admite la matriz cementante para que cumpla este criterio de resistencia, sino que la restricción impuesta se centra en el tiempo de fraguado, relacionado con la trabajabilidad del material cementante. A continuación, las formulaciones se mezclan con agua en una relación

fija agua/material cementante (a/c) de 0,45. Estas pastas se mezclan durante 4 minutos a 500 rpm en un agitador de varillas Heidolph RZR 2020. La cantidad de masa total de sólidos usada es de 400 gramos para los ensayos de escurrimiento y de tiempo de fraguado, 10 g para las calorimetrías isotérmicas de inducción, 20 g para la caracterización mineralógica y microestructural, y 100 g para la preparación de las probetas del ensayo de lixiviación.

Las pastas de las tres formulaciones obtenidas después de mezclarlas con el agitador de varillas se utilizan directamente para evaluar sus propiedades en estado fresco: tiempo de fraguado, escurrimiento o *minislump* y cinética de reacción. En la figura 3.2, arriba, izquierda, se muestra la pasta vertida directamente en el molde para determinar el tiempo de fraguado, y arriba, centro, se muestra la pasta en el molde del ensayo de escurrimiento. En la figura 3.2, arriba, derecha, se presenta la ampolla del caloríme-

Figura 3.2. Preparación de las muestras. Arriba: para ensayos en estado fresco; izquierda: tiempo de fraguado; centro: escurrimiento; derecha: calorimetría. Abajo, izquierda: caracterización mineralógica y microestructural. Abajo, derecha: ensayos de lixiviación.

tro, donde se introduce la pasta. La figura 3.2, abajo, izquierda, corresponde con la muestra utilizada para la realización de la caracterización mineralógica y microestructural, obtenida vertiendo 20 g de pasta en botes de plástico de 100 ml, que se cierran herméticamente y se curan a 20 ± 2 °C durante 28 días. Con respecto al estudio de estabilidad química mediante ensayos de lixiviación, se utilizan unos moldes de 1 cm × 1 cm × 6 cm que se rellenan con 100 g de pasta, se sellan con film transparente y se curan también a 20 ± 2 °C durante 28 días (figura 3.2, abajo, derecha, probeta de 1 cm × 1 cm × 6 cm resultante).

3.3. Técnicas instrumentales de caracterización

La distribución del tamaño de partícula de las materias primas se determina mediante granulometría láser utilizando un equipo Mastersizer S, Malvern. Las mediciones se realizan exponiendo la muestra a un haz de luz (He-Ne) y detectando los patrones angulares de la luz dispersada por partículas de diferentes tamaños. Se utiliza etanol como medio de dispersión y el análisis de datos de la intensidad de dispersión angular se lleva a cabo basándose en el modelo teórico de difracción de Fraunhofer.

La superficie específica de las materias primas se determina mediante el método diseñado por Brunauer, Emmet y Teller, denominado método BET [43]. Para este ensayo, el equipo empleado es un ASAP 2010, Micromeritics Instrument Corporation, Norcross, utilizando nitrógeno a 77 K como adsorbato. Antes de analizar las muestras, se desgasifican en 50 °C, hasta alcanzar una presión de 2 a 4 µm Hg.

Por otra parte, para el estudio de las propiedades en estado fresco de los cementos binarios y ternarios con las resinas de intercambio iónico se emplea una aguja automática de Vicat (AUTO-VICAT, Ibertest) para determinar el tiempo de fraguado. El ensayo de la aguja de Vicat consiste en la introducción periódica de una aguja normalizada en el material cementante y, mediante el análisis de su resistencia específica a la penetración, se determinan los tiempos inicial y final de fraguado. El molde de Vicat es de caucho duro o plástico de forma troncocónica, con una altura de 40 mm y con un diámetro interno de 70 mm en el extremo inferior y 80 mm en el extremo superior. El marco normativo en el que se realiza este ensayo es la norma UNE-EN 196-3:2017, *Métodos de ensayo del cemento. Parte 3: Determinación del tiempo de fraguado y estabilidad de volumen* [44].

También se realizan ensayos de *minislump* para estudiar la trabajabilidad de las diferentes formulaciones cementantes diseñadas. Aunque estos ensayos son muy útiles por su fácil accesibilidad y corto tiempo de ensayo, no existe una normativa para su procedimiento, por lo que en este trabajo se sigue el procedimiento propuesto por Tan *et al.* [45]. Estos ensayos consisten en medir la expansión (diámetros) de los materiales sobre una placa plana de metilmetacrilato a tiempo cero, es decir, en el momento de su mezcla, y a intervalos de 30 minutos durante 2 horas, utilizando un calibre en dos direcciones perpendiculares. Para ello, se utiliza un molde de geometría cónica de Abrams con diámetros superior e inferior de 19 y 37,5 mm respectivamente, y una altura de 57,5 mm. Se introduce la pasta en el molde y, al cabo de un minuto, se levanta el molde en dirección vertical a la menor velocidad posible para evitar cualquier efecto de inercia [45].

Finalmente, la evolución de la cinética de reacción se monitoriza utilizando un calorímetro isotérmico TAM Air en 25 °C. Las pastas frescas con la resina se preparan externamente y manualmente durante dos minutos y, a continuación, 5 g de cada pasta se transfieren inmediatamente a la ampolla del calorímetro para registrar el flujo de calor. El blanco, o referencia, utilizado es agua y la cantidad contenida en su correspondiente ampolla es de 2,2 g de agua. Los experimentos se realizan durante los siete primeros días tras el mezclado y los valores de calor liberado se normalizan respecto a la masa total de la pasta analizada.

Con respecto al estudio de la caracterización mineralógica y microestructural de los cementos binarios y ternarios con la resina de intercambio iónico, después de 28 días de curado, parte de la muestra (figura 3.2, centro) se muele en un mortero de ágata hasta obtener unas muestras con un tamaño de partícula inferior a 45 µm, y se congela mediante la adición de 50 ml de isopropanol bajo agitación durante 3 minutos, para así detener cualquier posible reacción que se esté llevando a cabo. Tras esto, las muestras se filtran a vacío y se dejan 24 h en un desecador a vacío para secarlas por completo y realizar análisis de DRX, FTIR y RMN. Por otra parte, para estudiar las muestras mediante microscopía electrónica de barrido (SEM), un trozo de esta pasta se sumerge directamente en isopropanol durante 24 h, con el mismo propósito.

Los ensayos de difracción de rayos X (DRX) se realizan en polvo utilizando un instrumento Bruker D8 Advance, con radiación Cu-Kα y un filtro de níquel. El tubo de rayos X funciona a 40 kV y 30 mA.

Los ensayos se realizan con una rendija de divergencia variable de 6 mm, un tamaño de paso de 0,02° y un tiempo de recuento de 0,5 s/paso, de 5° a 60° 2θ. El software utilizado para el análisis de los difractogramas de DRX es Difrac.eva, sobre la base de datos cristalográfica COD, Crystallography Open Database.

La espectroscopia infrarroja por transformada de Fourier (FTIR) se lleva a cabo con un Thermo Scientific Nicolet 6700, en un intervalo de 4000-400 cm^{-1} a una resolución de 4 cm^{-1} (64 barridos). Para registrar los espectros, se utilizan pastillas de KBr compuestas por 200 mg de KBr y 0,5 mg de una muestra en polvo.

Los análisis de SEM se realizan con un microscopio electrónico de barrido Hitachi S-4800 equipado con un analizador de dispersión de energía Bruker 5030. Las muestras de SEM son metalizados con carbono. Los análisis de espectroscopia de rayos X de dispersión de energías (EDX) se llevan a cabo con una tensión de aceleración de 20 kV, una distancia de trabajo de 15 mm y una corriente de haz de 20 µA. Se realiza una media de 60 análisis de EDX por muestra.

Los análisis de espectroscopia de resonancia magnética nuclear giratoria en ángulo mágico (RMN-MAS) de ^{29}Si, ^{27}Al y ^{11}B se realizan con un espectrómetro Bruker Avance 400 de campo magnético de 9,4T a 79,49 MHz para el análisis de ^{29}Si, 104,26 MHz para ^{27}Al y 128,38 MHz para ^{11}B. Los espectros de ^{29}Si, ^{27}Al y ^{11}B se obtienen tras una irradiación de pulso único de 2 µs para ^{27}Al y ^{11}B con núcleos cuadrupolares y 5 µs para los espectros de ^{29}Si, con un tiempo de reciclado de 5 s para ^{27}Al, y 10 s para ^{11}B y ^{29}Si. Las muestras se hacen girar en rotores de ZrO_2 de 4 mm a 10 kHz alrededor de un eje inclinado 54°44′ [46] con respecto al campo magnético (técnica giratoria en ángulo mágico, MAS). El número de barridos se elige para obtener relaciones señal/ruido superiores a 10 (400, 360 y 1600 respectivamente). Los valores de los desplazamientos químicos de ^{11}B y ^{27}Al se indican en ppm en relación con las soluciones acuosas 0,3 M de H_3BO_3 y 1 M de $AlCl_3$, mientras que el ^{29}Si con tetrametilsilano (TMS). Previamente a la adquisición de los espectros de RMN, se eliminan de las muestras en polvo los compuestos magnéticos, principalmente hierro de la ceniza, para evitar riesgos experimentales al exponerlas al fuerte campo magnético y para mejorar la resolución de los espectros.

La descomposición espectral se realiza con el software Dmfit, teniendo en cuenta solo la parte central del espectro en todas las muestras. Las intensidades relativas, las posiciones y los anchos de línea de los distintos componentes se determinan con un método iterativo no lineal de mínimos cuadrados. Las descomposiciones espectrales presentan una precisión estimada en ±0,2 ppm para valores de desplazamiento químico y en ±3 % para la cuantificación del área.

Finalmente, la estabilidad química de los cementos binarios y ternarios con las resinas de intercambio iónico se realiza mediante ensayos de lixiviación de acuerdo con la norma ANSI/ANS-16.1-2019, *Measurement of the Leachability of Solidified Low-Level Radioactive Wastes by a Short-Term Test Procedure* [47]. En este estudio, el lixiviante utilizado, es decir, el líquido añadido al recipiente del ensayo de lixiviación, es agua desmineralizada que ha sido sometida a un proceso de descarbonatación para eliminar el CO_2. La descarbonatación se lleva a cabo hirviendo el agua durante al menos 30 minutos y manteniéndola aislada de la atmósfera. Las dimensiones de las probetas son de 1 cm × 1 cm × 6 cm (figura 3.2, derecha). Los recipientes de ensayo están compuestos de un material no reactivo, polietileno de alta densidad, y se llenan con 260 ml de lixiviante. Por lo tanto, la relación entre el volumen de agua desionizada y la superficie de residuos sólidos es de 10. Se ensayan tres réplicas por formulación de pasta de cemento para cada intervalo de ensayo después de 28 días de curado. El montaje experimental del ensayo de lixiviación se muestra en la figura 3.3.

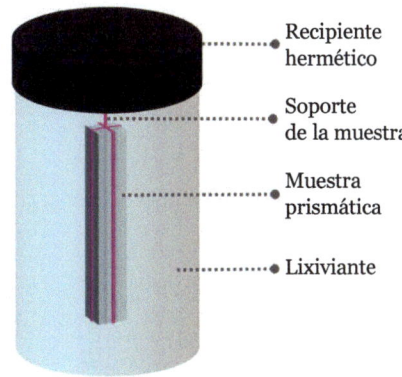

Figura 3.3. Esquema del montaje experimental del ensayo de lixiviación: probeta sumergida en el recipiente de ensayo colgada de un soporte no reactivo [14].

El análisis del lixiviado (es decir, el lixiviante que ha reaccionado con la probeta de ensayo durante un intervalo de lixiviación) y su sustitución se realizan a las 2 horas, 7 horas, 24 horas, 2 días, 3 días, 4 días, 5 días, 14 días, 28 días, 43 días y 90 días, tras el inicio del ensayo de lixiviación. Durante la sustitución del lixiviado, la exposición de la muestra al aire se reduce al mínimo posible para evitar la desecación y la carbonatación entre los intervalos de ensayo.

Al final de cada intervalo, las alícuotas del lixiviado se analizan mediante espectroscopia de emisión óptica de plasma acoplado inductivo (ICP-OES) para determinar las cantidades de las especies de interés liberadas de la probeta estudiada. El contenido de iones se cuantifica utilizando un espectrómetro de emisión óptica de plasma acoplado inductivo Varian 725-ES. Las condiciones de medición se fijan en 1,20 kW de potencia, 15 l/min de flujo de plasma, 0,75 l/min de flujo de nebulizador y 11 m de altura de observación.

Los coeficientes de lixiviación se determinan también utilizando las indicaciones contenidas en ANSI/ANS-16.1-2019 [47]. El índice de lixiviación (L_i) representa la medida de liberación de un radionucleido para un material mediante la metodología de ensayo y se define como:

$$L_i = \log\left(\frac{\beta}{D}\right)$$

Donde:

β es un factor tabulado relacionado con la naturaleza de la matriz. Para las matrices cementantes se considera 1,0 cm^2/s.

D es la difusividad efectiva del radionucleido. Este parámetro se calcula a partir de la pendiente, m, del ajuste de regresión de la fracción acumulada de radionucleido liberado por la relación volumen/área superficial de la muestra, en función del cuadrado del tiempo de reacción acumulado:

$$D = \frac{\pi}{4} m^2$$

Los cambios más importantes debidos a los procesos de lixiviación tienen lugar en el primer milímetro desde la superficie de la muestra, por lo tanto, la técnica de microscopía electrónica de barrido retrodispersada (BSEM) puede ser muy útil para estudiar el deterioro del material. Los análisis de BSEM se realizan con el mismo microscopio electrónico de barrido Hitachi S-4800 equipado con un analizador de dispersión de energía Bruker 5030 que los análisis de SEM. Las muestras de BSEM requieren una preparación previa en la que se embeben en una resina epoxi y luego se metalizan con carbono.

4. RESULTADOS Y DISCUSIÓN

4.1. Estudio de las propiedades en estado fresco de los cementos binarios y ternarios con las resinas de intercambio iónico

4.1.1. Tiempo de fraguado

Los tiempos de fraguado de las pastas de cementos binarios y ternarios que contienen un 7,5 % de IER gastadas respecto al material cementante se muestran en la tabla 4.1. El cemento Portland ordinario (C) tiene su tiempo inicial de fraguado a las 4 horas y su tiempo final de fraguado a las 6 horas y 30 minutos. La presencia de adiciones minerales prolonga el tiempo de fraguado debido a la reducción de la velocidad de reacción puzolánica y del volumen de los productos de hidratación [48, 49]. Los tiempos iniciales de fraguado de las pastas CAS y CS se prolongan en 70 minutos, en comparación con el tiempo inicial de fraguado de la pasta CA, mientras que los tiempos finales de fraguado de las pastas CAS y CS se reducen a 20 min y 60 min, respectivamente, con respecto a la pasta CA, que necesita un mayor tiempo de fraguado. Por tanto, el efecto de las cenizas volantes sobre los tiempos de fraguado de las pastas de cemento es más significativo que el producido por las escorias de alto horno.

Tabla 4.1. Tiempos de fraguado de las pastas de cementos binarios y ternarios con un 7,5 % de resina de intercambio iónico.

Formulación cementante	Resina (% en peso de material cementante)	Tiempo inicial de fraguado (± 5 min)	Tiempo final de fraguado (± 5 min)
C	0	4 h	6 h 30 min
CA	0	4 h 40 min	10 h 10 min
	7,5	18 h 25 min	23 h 25 min
CAS	0	5 h 50 min	9 h 50 min
	7,5	14 h 33 min	20 h 13 min
CS	0	5 h 50 min	9 h 10 min
	7,5	23 h 20 min	29 h 30 min

Las IER pueden intercambiar iones con el medio cementante, influyendo en la hidratación y en el tiempo de fraguado del cemento. Esta influencia depende del tipo de dopado en las resinas. En este estudio, la presencia de boro retarda los procesos de fraguado y endurecimiento. El tiempo de fraguado de las tres formulaciones muestra un retraso del mismo. Esto se puede deber a que los aniones polibóricos reaccionan con los componentes cálcicos del cemento Portland para formar compuestos insolubles de borato cálcico, tales como $CaO \cdot B_2O_3 \cdot 6H_2O$, y también a la posible adsorción superficial y a las capas precipitadas sobre los granos de cemento que impiden su contacto con el agua y causan el retraso en el fraguado [27, 36, 38, 39]. En la muestra CS, la cantidad de calcio disponible en el medio es mayor que en las otras dos formulaciones, debido a que el CaO es uno de los principales constituyentes de la escoria, no de la ceniza volante, por lo que se puede favorecer la formación de compuestos de borato cálcico y el retraso en la hidratación del cemento es más incipiente. Mientras que en la muestra CA el retraso en el tiempo de fraguado se debe a que la disolución de la fase vítrea de la ceniza volante no se produce hasta que el pH de la disolución de poros no es superior a 13. Por ello, inicialmente se produce la reacción del cemento Portland en la que se forma hidróxido de calcio y, posteriormente, se requiere de un tiempo para que aumente la alcalinidad del medio y se inicie la reacción de la ceniza, ralentizándose, por tanto, la formación del gel C-S-H [50].

4.1.2. Escurrimiento

La trabajabilidad se define como «aquella propiedad del hormigón o mortero recién mezclado que determina la facilidad con la que puede ser mezclado, emplazado, consolidado y acabado hasta alcanzar una condición homogénea» [51]. En la presente monografía se realiza un estudio de la trabajabilidad de los materiales mediante ensayos de escurrimiento o *minislump* aplicado a pastas.

Los valores de escurrimiento de las pastas de cementos binarios y ternarios que contienen un 7,5 % de

IER gastadas respecto al material cementante se muestran en la figura 4.1. En las formulaciones sin resina, se observa claramente que la incorporación de una mayor cantidad de ceniza volante conduce a valores de escurrimiento más altos. Este comportamiento se debe a la geometría de las materias primas, mientras que las cenizas volantes tienen una forma esférica que mejora la fluidez de las pastas, las escorias tienen una forma irregular y afilada [52]. Además, la mayor superficie específica de la escoria provoca una mayor demanda de agua y, en consecuencia, una menor fluidez [53]. Finalmente, la menor reactividad de la ceniza a temperatura ambiente retrasa el fraguado y, por tanto, la formación de productos de hidratación que reducen la fluidez, mientras que la presencia de escoria acelera los procesos de reacción [50].

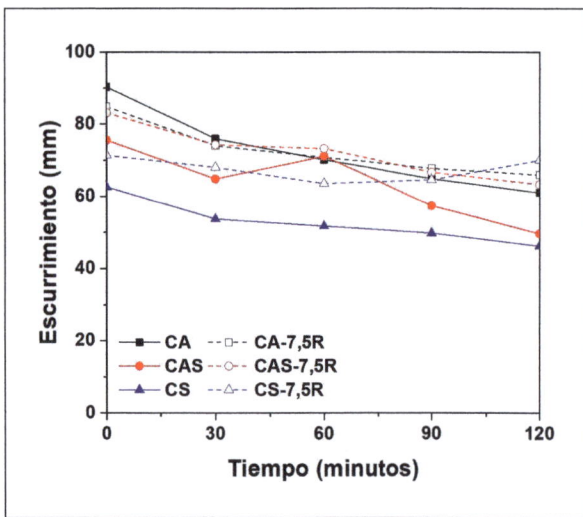

Figura 4.1. Escurrimiento de las dos nuevas formulaciones (CAS y CS) y de la formulación de referencia (CA) en presencia de 7,5 % de resina durante las primeras 2 h después del mezclado.

En las nuevas formulaciones, CAS y CS, la incorporación de las resinas aumenta la fluidez de las pastas, en el caso de la muestra referencia, este efecto se observa a partir de los 90 minutos. Estos resultados sugieren que se está produciendo una interacción entre el dopaje de la resina y la disolución de poros de los sistemas cementantes. El boro presente en la disolución de poro puede reaccionar con los iones de calcio del cemento, de la escoria y de la ceniza, formando compuestos de boro que retrasan la formación del gel silicato cálcico hidratado (C-S-H) y, por lo tanto, aumentando la fluidez. En la pasta referencia, CA, como el contenido de ceniza volante es superior, la cual tiene un efecto más plastificante, el efecto fluidificante de la resina no es tan aprecia-

ble y los valores iniciales de escurrimiento, primera hora, son similares en ausencia y presencia de IER.

4.1.3. Calorimetrías

La cinética de reacción de las muestras CA, CAS y CS y concretamente el calor liberado en sus reacciones se ha estudiado mediante calorimetrías isotérmicas de inducción en ausencia y presencia de un 7,5 % de resina con respecto al material cementante. Las curvas calorimétricas de las tres formulaciones en ausencia y presencia de resina se muestran en la figura 4.2. Estas curvas están constituidas por cuatro periodos: el periodo de pre-inducción (gran disolución de los granos de cemento y/o escoria y/o ceniza volante); el periodo de inducción (sin apenas reacción); el periodo de aceleración (formación de gel y portlandita, $Ca(OH)_2$); y el periodo de deceleración (densificación de la estructura de la pasta) [54, 55].

El máximo del pico de aceleración/deceleración aparece entre las 7 h y las 11 h (pico 1), demostrando que la naturaleza de los materiales cementantes suplementarios ejerce una influencia sobre la posición y la intensidad del pico. El aumento del contenido de escoria conduce a un aumento de la concentración de iones Ca^{2+} en la disolución de los poros y a una aceleración de la hidratación del cemento y de la formación del gel C-S-H con un valor de liberación de calor de hidratación más elevado. Además, se observan claramente dos hombros en el periodo de deceleración en la muestra CA. El primer hombro se detecta alrededor de las 16,7 h (pico 2) y se asocia con el calor liberado en la disolución del aluminato tricálcico ($3CaO \cdot Al_2O_3$, fase del cemento) y la precipitación de etringita ($6CaO \cdot Al_2O_3 \cdot 3CaSO_4 \cdot 32H_2O$) [54, 56]. El contenido de Al_2O_3 en las cenizas volantes es relativamente mayor que en la escoria, lo que puede aumentar la concentración de Al^{3+} en la disolución de los poros. Estos iones Al^{3+} y Ca^{2+} pueden reaccionar y transformarse en etringita [57]. El segundo hombro se atribuye a una reacción más rápida de la fase ferrítica ($4CaO \cdot Al_2O_3 \cdot Fe_2O_3$) del cemento Portland [56], reacción favorecida en las mezclas que contienen escoria de alto horno. Por esta razón, el segundo hombro es más intenso y se forma antes en la muestra CS, 20,3 h, frente a 24,5 h para la muestra CA (pico 3).

El calor acumulado liberado durante el proceso de hidratación se incrementa gradualmente con el incremento del contenido de escoria; sus valores son 176,13 J/g para CA, 202,60 J/g para CAS, y

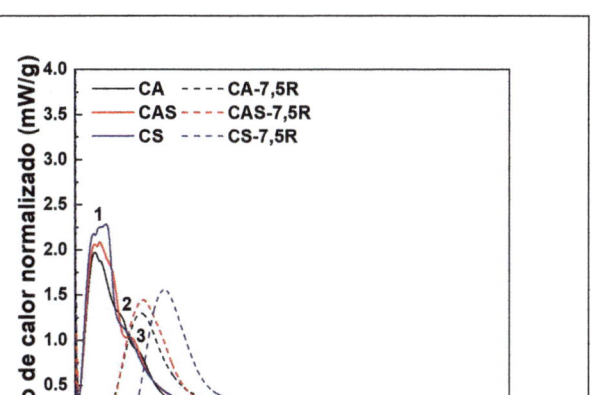

Figura 4.2. Izquierda: flujo de calor. Derecha: calor de hidratación de los cementos binarios y ternarios en ausencia y presencia de un 7,5 % de resina.

203,78 J/g para CS a los siete días de hidratación. El mismo efecto fue también observado por Hu *et al.* [57] cuando el contenido de cemento permaneció inalterado y el contenido de cenizas volantes en el sistema aumentó. Las cenizas volantes presentaron menor reactividad que la escoria a temperatura ambiente y la reacción de hidratación se produjo más tarde.

La incorporación de un 7,5 % de resina en las formulaciones cementantes implica una reducción del flujo térmico y un ensanchamiento del pico de aceleración-desaceleración. El boro presente en las resinas gastadas reacciona con los compuestos de calcio anhidro del cemento Portland, inhibiendo la nucleación de la portlandita [39] y retrasando la formación del gel. El máximo del pico principal se centró en 25,3 h para CA, 26,2 h para CAS y 34,4 h, para CS y su flujo de calor normalizado fue de 1,3 mW/g, 1,4 mW/g y 1,6 mW/g respectivamente a los siete días. El fraguado final puede relacionarse con el momento en el que la evolución del calor de las pastas alcanza su tasa máxima durante el periodo de aceleración. Este valor corresponde aproximadamente con el punto medio del pico principal del proceso de hidratación [58], como puede observarse en los valores obtenidos a través de ambos ensayos, tabla 4.1 y figura 4.2, para CA y CAS, que están más próximos entre sí y son inferiores al tiempo de fraguado de CS, lo que demuestra que la cinética de reacción del sistema que aporta más calcio de sus materias primas se ralentiza. Estos efectos también afectan a la detección de los dos hombros en el periodo de deceleración, ya que ambos se integran en el pico principal, pico 1.

El calor acumulado total de las tres muestras con la IER al cabo de siete días es inferior al de sus análogas sin el residuo, poniendo de manifiesto que la presencia de boro en el dopado de la resina hace que la reacción de hidratación sea menos exotérmica. La muestra CA-7,5R con 141,4 J/g presenta el menor calor de hidratación, seguida de la muestra CAS-7,5R con 173,6 J/g, mientras que la muestra CS-7,5R es la que presenta el mayor calor de hidratación con 183,7 J/g.

4.2. Caracterización mineralógica y microestructural de los cementos binarios y ternarios con las resinas de intercambio iónico

Para analizar las fases y las interacciones a nivel microscópico, tanto en ausencia como en presencia de un 7,5 % de resina, y evaluar así las posibles modificaciones generadas por la introducción del residuo inmovilizado, se han utilizado las técnicas de difracción de rayos X (DRX), espectroscopia infrarroja por transformada de Fourier (FTIR), microscopía electrónica de barrido con análisis de espectroscopia de rayos X de dispersión de energías (SEM-EDX) y espectroscopia de resonancia magnética nuclear giratoria en ángulo mágico (MAS-NMR). El conocimiento obtenido puede contribuir a optimizar la formulación de los cementos binarios y ternarios, permitiendo el diseño de materiales cementantes con propiedades específicas para aplicaciones concretas.

4.2.1. DRX

La figura 4.3 muestra los espectros de DRX de las muestras CA, CAS y CS en ausencia y presencia de un 7,5 % de resina de intercambio iónico. Los difractogramas de las tres formulaciones, independientemente de su composición de partida, muestran los picos de difracción del principal producto de reacción, un gel de silicato de calcio hidratado, C-S-H ($2\theta = 29,3°$, $32,0°$ y $50,1°$) [59]. También se observan otras fases cristalinas formadas en el proceso de hidratación de estos cementos, como son la portlandita ($Ca(OH)_2$, COD 1001768), la etringita ($Ca_6Al_2(SO_4)_3(OH)_{12}\cdot26H_2O$, COD 9012922), y la calcita ($CaCO_3$, COD 9000095) para los tres sistemas. Se confirma la presencia de algunas fases cristalinas de las materias primas anhidras como son el cuarzo (SiO_2, COD 1011097), mullita ($3Al_2O_3\cdot2SiO_2$, COD 9001567) y hematita (Fe_2O_3, COD 9015065) y también se detecta yeso ($CaSO_4\cdot2H_2O$, COD 1011074), regulador de fraguado. La mullita solo se encuentra en las muestras CA y CAS, ya que esta fase procede de la ceniza volante y la hematita solo en la muestra CA, debido a que tiene un mayor porcentaje de ceniza.

En presencia de IER se detectan las mismas fases cristalinas, sin embargo, la intensidad de los picos de difracción de la portlandita es menor, indicando la formación de una menor cantidad de la misma en las pastas que contienen las resinas. Esto se puede deber a la interacción del boro procedente del dopado de la resina con los iones Ca^{2+} del medio de reacción, lo que implica una menor disponibilidad de estos cationes para formar portlandita, aunque no se ha detectado la formación de ningún compuesto de boro por DRX. La posición y la intensidad del resto de picos de difracción son muy similares en todos los difractogramas.

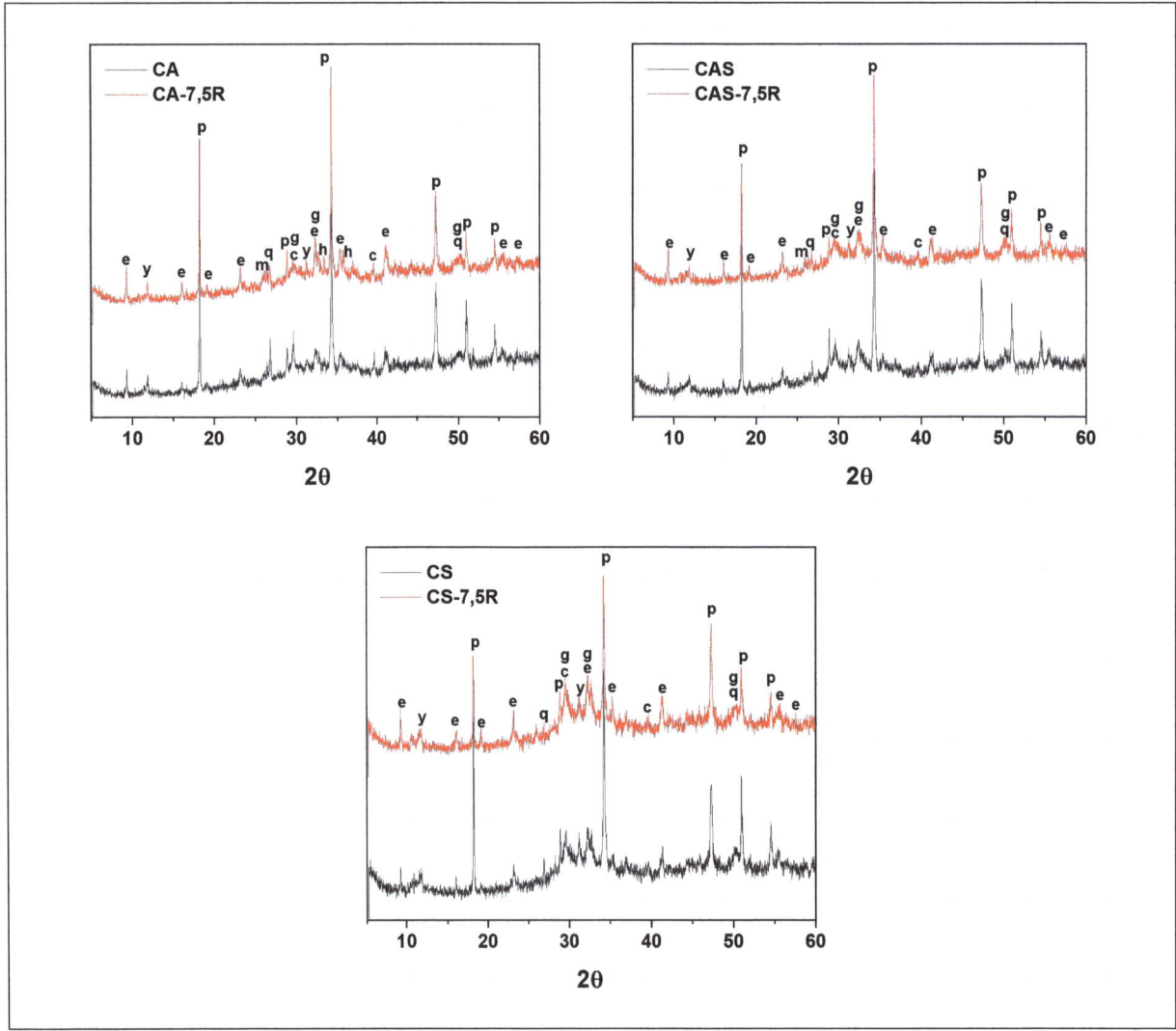

Figura 4.3. Difractogramas de las muestras CA, CAS y CS en ausencia y presencia de 7,5 % de resina (g, gel C-S-H; p, portlandita; e, etringita; c, calcita; q, cuarzo; m, mullita; h, hematita; y, yeso).

4.2.2. FTIR

La figura 4.4 muestra los espectros de FTIR de las muestras CA, CAS y CS en ausencia y presencia de un 7,5 % de resina de intercambio iónico y la tabla 4.2 resume la asignación de las bandas de vibración detectadas en dichos espectros de FTIR. El principal producto de reacción, el gel C-S-H formado en los cementos sin resina presenta las siguientes bandas de vibración a 976, 668, 620, 511 y 460 cm^{-1} (picos 6, 9, 10 y 11) [59–61]. La banda más intensa localizada a 976 cm^{-1} se corresponde a las vibraciones de tensión asimétrica de los enlaces Si-O de los tetraedros de silicio que constituyen la estructura del gel C-S-H. La posición de esta banda se desplaza hacia números de onda mayores en presencia del 7,5 % de resina en las muestras CA y CAS (tabla 4.3), moviéndose de 976 cm^{-1} a 983 cm^{-1}, mientras que en la muestra CS permanece invariable. Este desplazamiento indica que el gel C-S-H formado es más rico en silicio y/o presenta un mayor grado de polimerización, presencia de unidades Q^3 y Q^4 [62]. La presencia de ceniza volante en las formulaciones cementantes tiene una contribución de unidades Q^4 como se detecta en los espectros de RMN-MAS del ^{29}Si, figura 4.8, y esto puede inducir un desplazamiento de la banda de tensión asimétrica de los enlaces Si-O hacia números de onda superiores. La banda a 668 cm^{-1} se atribuye a las vibraciones de tensión de los enlaces Al-O y finalmente las bandas de 620 y 511 y 460 cm^{-1} se asocian a las vibraciones de deformación de los enlaces Si-O.

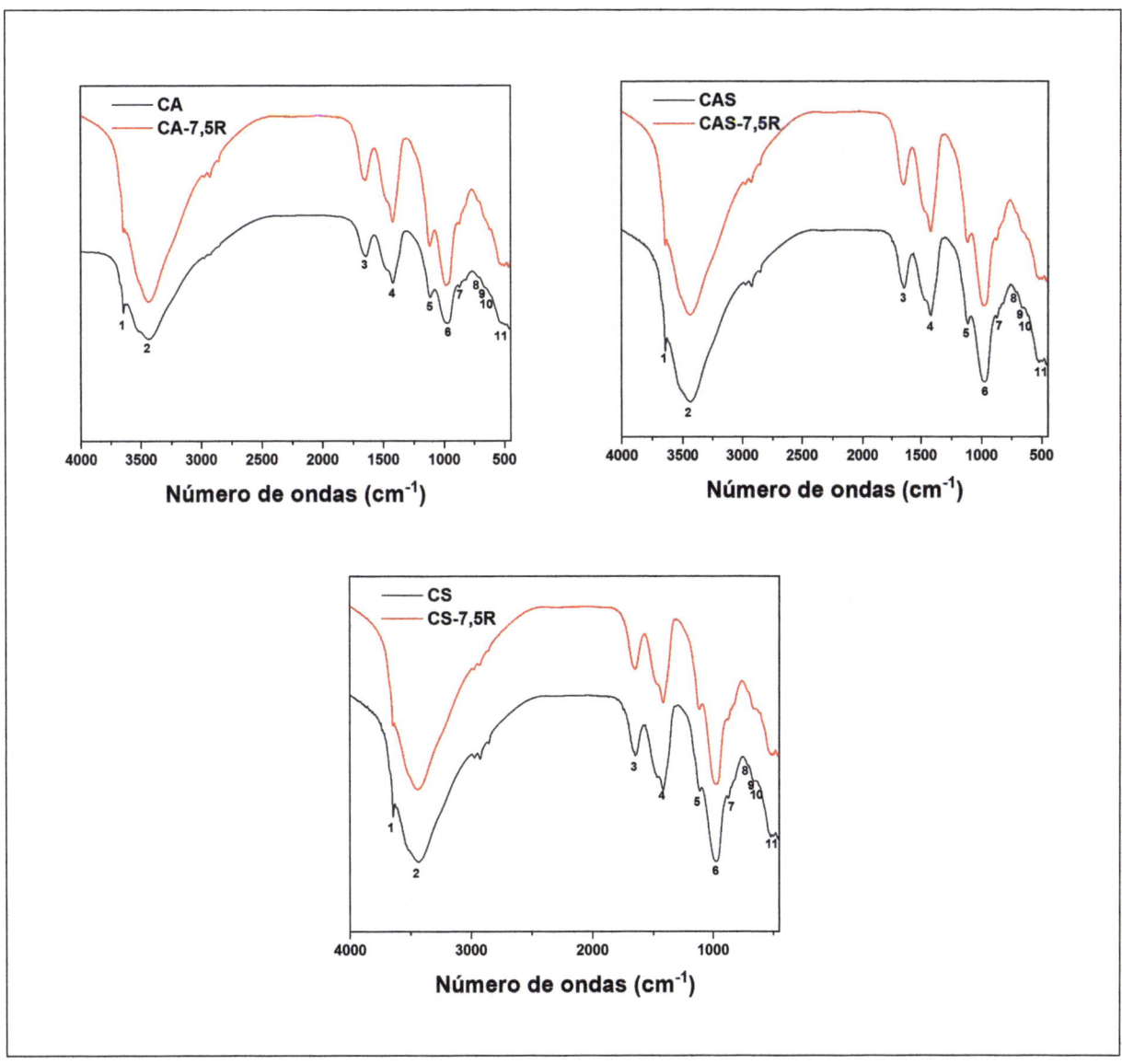

Figura 4.4. Espectros FTIR de las muestras CA, CAS y CS en ausencia y presencia de 7,5 % de resina.

Tabla 4.2. Asignación de las bandas de vibración de los espectros de FTIR de las muestras CA, CAS y CS en ausencia y presencia de 7,5 % de resina.

Pico	Número de onda (cm⁻¹)	Asignación
1	3645 cm⁻¹	Tensión O-H de la portlandita
2	3437 cm⁻¹	Tensión O-H del agua
3	1648 cm⁻¹	Deformación H-O-H del agua
4	1474 y 1418 cm⁻¹	Tensión asimétrica C-O del carbonato
5	1113 cm⁻¹	Tensión S-O de la etringita
6	975/984 cm⁻¹	Tensión asimétrica Si-O del gel C-S-H
7	876 cm⁻¹	Deformación fuera del plano O-C-O del carbonato
8	712 cm⁻¹	Deformación en el plano O-C-O del carbonato
9	668 cm⁻¹	Tensión Al-O del gel C-S-H
10	620 cm⁻¹	Deformación Si-O-Si
11	511 y 460 cm⁻¹	Deformación O-Si-O del gel C-S-H

Tabla 4.3. Posición de la banda de tensión asimétrica de los enlaces Si-O del gel C-S-H formado en las muestras CA, CAS y CS en ausencia y presencia de 7,5 % de resina.

Pico	CA	CA-7,5R	CAS	CAS-7,5R	CS	CS-7,5R
6	976	984	977	982	975	977

La formación de portlandita y de etringita se confirma en los espectros de FTIR con la detección de la banda de vibración de los enlaces O-H de la portlandita a 3645 cm⁻¹ (pico 1) [63] y la banda de vibración de los enlaces S-O de la etringita a 1113 cm⁻¹ (pico 5) [64]. Hay que destacar que la intensidad del pico 1 sufre modificaciones cuando se incorpora el 7,5 % de resina, se hace menos intensa, indicando que la formación de la portlandita no es favorecida, corroborando la información obtenida mediante DRX. También el pico 5 es menos intenso en la muestra CS, tanto en ausencia como en presencia de la resina, menor cantidad de etringita en este sistema, como también se observa en las calorimetrías de inducción, ya que la escoria de alto horno presenta menor contenido de aluminio en su composición química, menor disponibilidad del mismo en el medio de reacción y, por lo tanto, se forma etringita en menor porcentaje.

Por otra parte, todos los espectros de FTIR muestran dos bandas muy anchas a 3437 y 1618 cm⁻¹ (picos 2 y 3) correspondientes a las vibraciones de tensión y flexión de los enlaces O-H de las moléculas de agua, y tres bandas a 1474 y 1418, 876 y 712 cm⁻¹ (picos 4, 7 y 8) asociadas a las vibraciones de tensión y flexión fuera y en el plano de los enlaces C-O de los carbonatos cálcicos. Finalmente, las bandas de vibración atribuidas al cuarzo y a la mullita de las materias primas anhidras detectadas por DRX no se detectan por FTIR, debido probablemente a que solapan con las bandas de vibración de otros compuestos o porque la cantidad de estas fases es pequeña.

4.2.3. SEM/EDX

Las micrografías de las muestras CA, CAS y CS en ausencia y presencia de un 7,5 % de resina de intercambio iónico pueden observarse respectivamente en la figura 4.5, figura 4.6 y figura 4.7. Las tres formulaciones estudiadas en ausencia de IER presentan una matriz continua y compacta, asociada con la precipitación del gel C-S-H (G) (figuras 4.5A, 4.6A y 4.7A). La composición de los materiales cementantes influye en la microestructura desarrollada y la continuidad de la matriz se ve interrumpida claramente en la muestra CA por la presencia de esferas de cenizas volantes (C) y por la presencia de poros generados de la reacción parcial o total de las partículas de ceniza. Estos poros, junto a la ralentización de la reacción de hidratación de la ceniza, debido a que esta necesita un pH más elevado del medio para disolverse y empezar a reaccionar que la escoria de alto horno [50], conducen a la formación de un sistema menos denso que los de las muestras CAS y CS. Los análisis de EDX han permitido determinar las

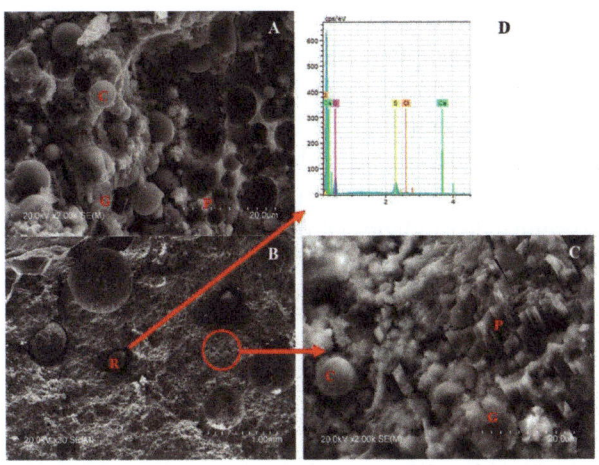

Figura 4.5. Imagen de SEM de la muestra CA. A) En ausencia de resina (×2000). B) En presencia de resina (×30). C) En presencia de resina (×2000). D) Análisis de EDX de la resina.

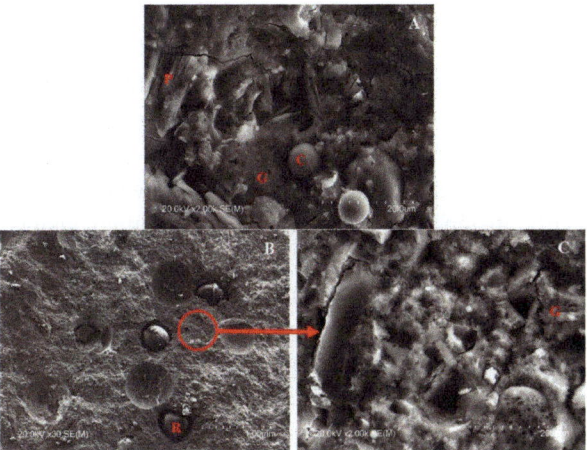

Figura 4.6. Imagen de SEM de la muestra CAS. A) En ausencia de resina (×2000). B) En presencia de resina (×30). C) En presencia de resina (×2000).

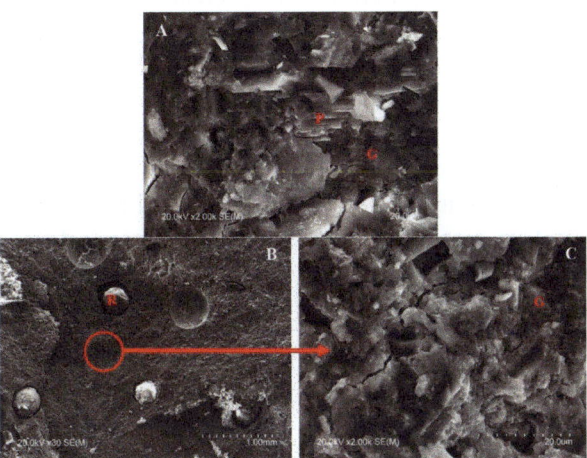

Figura 4.7. Imagen de SEM de la muestra CS. A) En ausencia de resina (×2000). B) En presencia de resina (×30). C) En presencia de resina (×2000).

relaciones Ca/Si y Al/Si de los geles C-S-H formados en las muestras CA, CAS y CS, siendo el gel más rico en Ca y menos rico en Al el formado en la muestra CS, con unas relaciones Ca/Si y Al/Si de 3,59 y 0,27 respectivamente, seguido del gel de la muestra CAS, con relaciones de 3,29 y 0,38, y, finalmente, el gel de la muestra CA, con relaciones de 3,21 y 0,42. La incorporación de escoria, rica en calcio, conlleva un incremento de la relación Ca/Si y, por el contrario, un mayor porcentaje de ceniza, rica en aluminio, implica que la relación Al/Si aumente. También se detecta la formación de portlandita (P), agrupación de cristales prismáticos en las tres muestras.

Las imágenes de SEM muestran que las resinas (R) están encapsuladas en las matrices de las muestras de CA, CAS y CS (figuras 4.5B, 4.6B y 4.7B). Las micrografías sugieren que no hay reacción entre la resina y el gel C-S-H, no hay una interfase reactiva entre ambos, sino que se observa un hueco. También se detecta la presencia de huellas dejadas por la resina en la matriz de cemento cuando se pierden, probablemente, a la hora de la preparación de las muestras para el estudio de SEM. El espectro EDX de la figura 4.5D muestra la elevada composición de azufre de la resina, ya que estas resinas son resinas protónicas con grupos sulfónicos. Sin embargo, es imposible detectar los elementos de carga de la resina (B, Cs, Sr...) con esta técnica, bien porque su número atómico es bajo, como es el caso del boro, o bien debido a su baja abundancia en la matriz, como sucede con los isótopos que son trazas.

Las muestras CA, CAS y CS en presencia de IER se analizan a mayor resolución (×2000), figuras 4.5C, 4.6C, 4.7C, para estudiar en mayor detalle las características morfológicas de las tres muestras en presencia de la resina y determinar la composición media del gel C-S-H a través de EDX, como previamente se han analizado sus análogas sin el residuo. La microestructura desarrollada en las tres formulaciones es bastante similar a la de su correspondiente sin la resina de intercambio iónico, visualizando la precipitación del gel que constituye el material cementante, cuyas relaciones Ca/Si y Al/Si son 2,68 y 0,44 para la muestra CA, 3,04 y 0,32 para la muestra CAS, y 3,16 y 0,30 para la muestra CS. Se puede observar que la relación Ca/Si para estos geles C-S-H en presencia de la resina son menores; esto se puede deber a que, como se ha mencionado anteriormente, parte del calcio del medio de reacción ha interaccionado con el boro de la resina y, por esta razón, el gel es menos rico en calcio y la cantidad de portlandita formada es también menor.

4.2.4. RMN

La espectroscopia de RMN es una técnica de gran interés en el estudio de materiales cementantes, especialmente debido a la naturaleza amorfa de los geles formados, que dificulta su caracterización por DRX. Los núcleos típicos analizados para la caracterización y el análisis nanoestructural de los cementos son ^{29}Si y ^{27}Al. Sin embargo, en esta monografía también se han realizado análisis de ^{11}B, ya que es el elemento más abundante en el fluido de saturación de las resinas y también es activo en RMN.

El modelo más aceptado para describir la estructura del gel C-S-H es el de cadenas *dreierketten* similares a la tobermorita [65]. Esta estructura se caracteriza por su organización en tres capas de unidades tetraédricas de silicio (SiO$_4$), separadas por capas de unidades octaédricas de calcio (CaO). En cada capa de SiO$_4$, los iones de silicio (Si^{4+}) comparten iones de oxígeno (O^{2-}) para formar enlaces covalentes, y en cada capa de CaO los iones de calcio (Ca^{2+}) están rodeados por grupos de oxígeno y moléculas de agua. *Dreierketten* indica una disposición que se repite cada tres unidades de tetraedros de silicato.

Los espectros RMN-MAS del ^{29}Si de las muestras CA, CAS y CS en ausencia y presencia de un 7,5 % de resina a 28 días de curado a temperatura ambiente, así como sus deconvoluciones, pueden verse en la figura 4.8. Los espectros revelan la existencia de un conjunto de señales a −79, −82 y −85 ppm que se corresponden a las resonancias de las unidades Q^1 de los tetraedros de silicato final de cadena, Q^2(1Al) y Q^2(0Al), respectivamente, del gel C-

S-H [66−68]. La presencia de escoria y de ceniza volante en las formulaciones implica un incremento de aluminio en el medio y se favorece la sustitución de Si por Al, principalmente, en las posiciones puente del *dreierketten* de las cadenas del gel C-S-H. También se observa una señal a −72 ppm asociada con la presencia de unidades Q^0 del cemento y de la escoria anhidros. En la muestra CA y CA-7,5R, se detecta otra señal muy ancha, alrededor de -105 ppm, que se asigna a unidades Q^4 de la ceniza anhidra [69, 70].

Los espectros se han ajustado a una función gaussiana. En la tabla 4.4, se reportan las contribuciones de cada señal a los espectros de RMN-MAS del ^{29}Si de las diferentes formulaciones en ausencia y en presencia del residuo inmovilizado. Se puede observar que en la estructura del gel C-S-H predominan las unidades Q^1 en las seis muestras, sobre todo en las muestras CAS y CS y sus respectivas con el residuo, seguidas de las unidades Q^2(0Al), aunque en las muestras CA, tanto en ausencia como en presencia de la resina, los porcentajes de unidades Q^2(0Al) y Q^2(1Al) son similares. Esto se puede deber a que, al haber más aluminio disponible proveniente de la disolución de la ceniza volante, se produce un mayor número de sustituciones de Si por Al en la estructura del gel, lo que queda reflejado en la tabla 4.5, donde la relación Q^2(0Al)/Q^2(1Al) es 1.

La presencia de resina no parece que afecte en gran medida a la contribución en las distintas señales, aunque en la muestra CA-7,5R se favorece la formación de unidades Q^1 y en la muestra CS-7,5R, la de unidades Q^2. Estas diferentes contribuciones de cada señal del espectro de RMN-MAS del ^{29}Si determinan la longitud de cadena media (LCM) de los geles en las diferentes muestras, la cual se calcula aplicando la siguiente fórmula [71,72]:

$$LCM = \frac{2Q^1 + 2Q^2(0\,Al) + 3Q^2\,(1Al)}{Q^1}$$

La mayor longitud de cadena media del gel C-S-H la presenta la muestra CA, con cinco eslabones. El resto de muestras están compuestas de alrededor de cuatro eslabones; como se puede observar, la presencia de escoria o de resina no afecta sustancialmente la LCM. Esta mayor longitud de cadena de la muestra CA es también sustentada con una mayor relación $\Sigma Q^2/Q^1$.

Los espectros RMN-MAS del ^{27}Al de muestras CA, CAS y CS en ausencia y en presencia de 7,5 % de resina a 28 días de curado a temperatura ambiente y sus deconvoluciones se muestran en la figura 4.9. Los espectros se han ajustado a una función gaus-

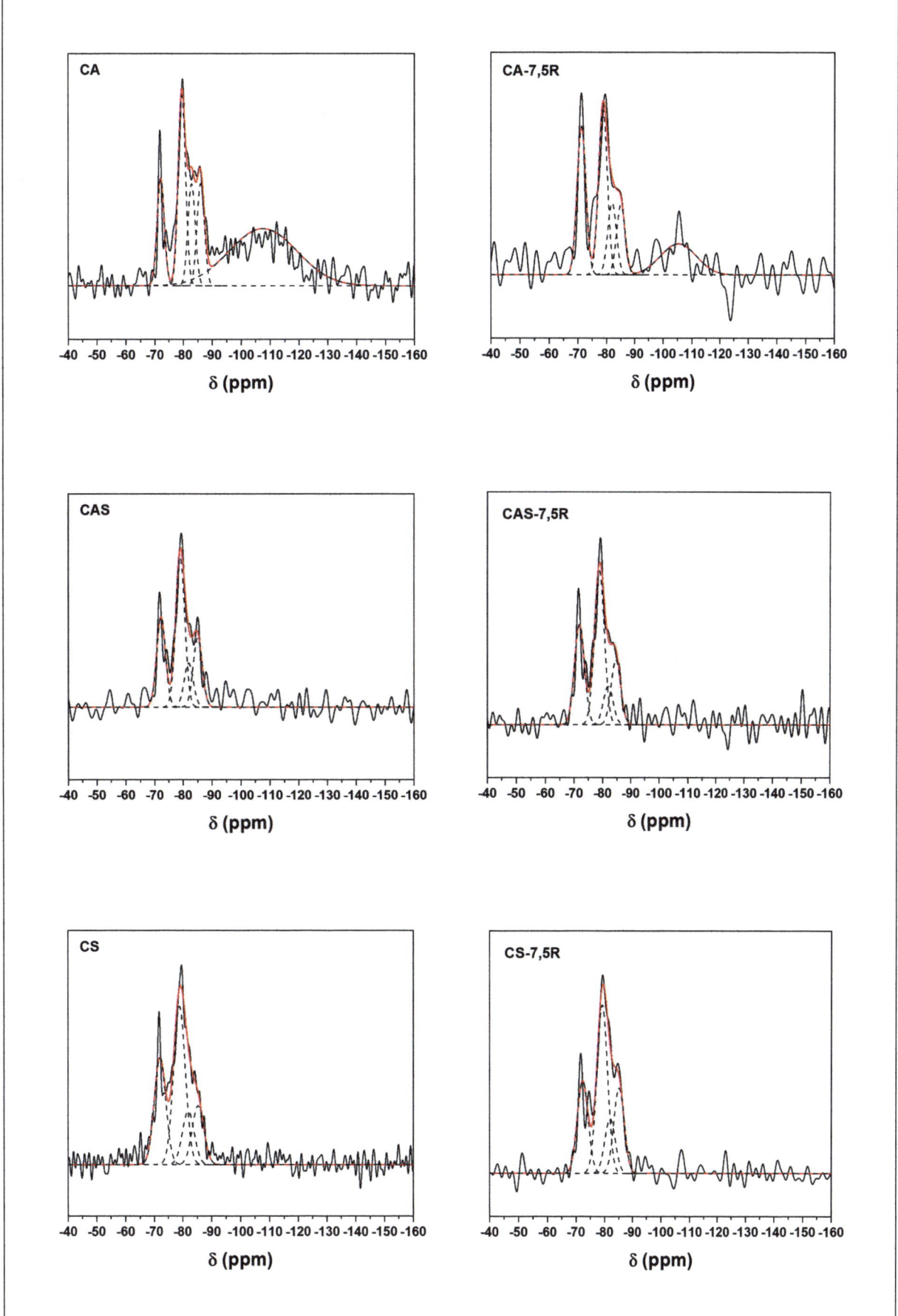

Figura 4.8. Espectros de RMN-MAS del ^{29}Si de las muestras CA, CAS y CS en ausencia y en presencia de 7,5 % de resina.

Tabla 4.4. Parámetros de deconvolución de los espectros de RMN-MAS del ^{29}Si de las diferentes formulaciones en ausencia y en presencia de 7,5 % de resina. (n. d.= no detectado)

	Q⁰			Q¹			Q²(1Al)			Q²			Q⁴		
	Posición (ppm)	Anchura (ppm)	Integral (%)	Posición (ppm)	Anchura (ppm)	Integral (%)	Posición (ppm)	Anchura (ppm)	Integral (%)	Posición (ppm)	Anchura (ppm)	Integral (%)	Posición (ppm)	Anchura (ppm)	Integral (%)
CA	−72,1	3,0	12,8	−79,6	3,0	23,2	−83,1	3,0	13,2	−86,3	3,0	12,8	−105,4	16,6	38,0
CA-7,5R	−71,3	3,6	25,5	−78,7	3,6	28,5	−81,9	3,6	12,4	−85,1	3,6	12,0	−105,3	14,6	21,6
CAS	−72,3	3,7	25,5	−79,0	3,7	42,5	−81,9	3,7	12,4	−85,1	3,7	19,6	n. d.	n. d.	n. d.
CAS-7,5R	−71,9	4,1	28,1	−78,8	4,1	43,1	−81,9	4,1	10,8	−84,7	4,1	18,0	n. d.	n. d.	n. d.
CS	−72,1	4,8	28,3	−79,0	4,8	42,0	−81,9	4,8	14,1	−85,2	4,9	15,6	n. d.	n. d.	n. d.
CS-7,5R	−72,3	4,4	23,1	−79,1	4,4	42,0	−81,9	4,4	13,6	−85,2	4,4	21,3	n. d.	n. d.	n. d.

Tabla 4.5. Longitud de cadena media (LCM) de los geles C-S-H formados en las muestras CA, CAS y CS en ausencia y presencia de 7,5 % de resina.

	CA	CA-7,5R	CAS	CAS-7,5R	CS	CS-7,5R
LCM	4,8	4,1	3,8	3,6	3,8	4,0
$\sum Q^2/Q^1$	1,1	0,9	0,8	0,7	0,7	0,8
$Q^2(0Al)/Q^2(1Al)$	1,0	1,0	1,6	1,7	1,1	1,6

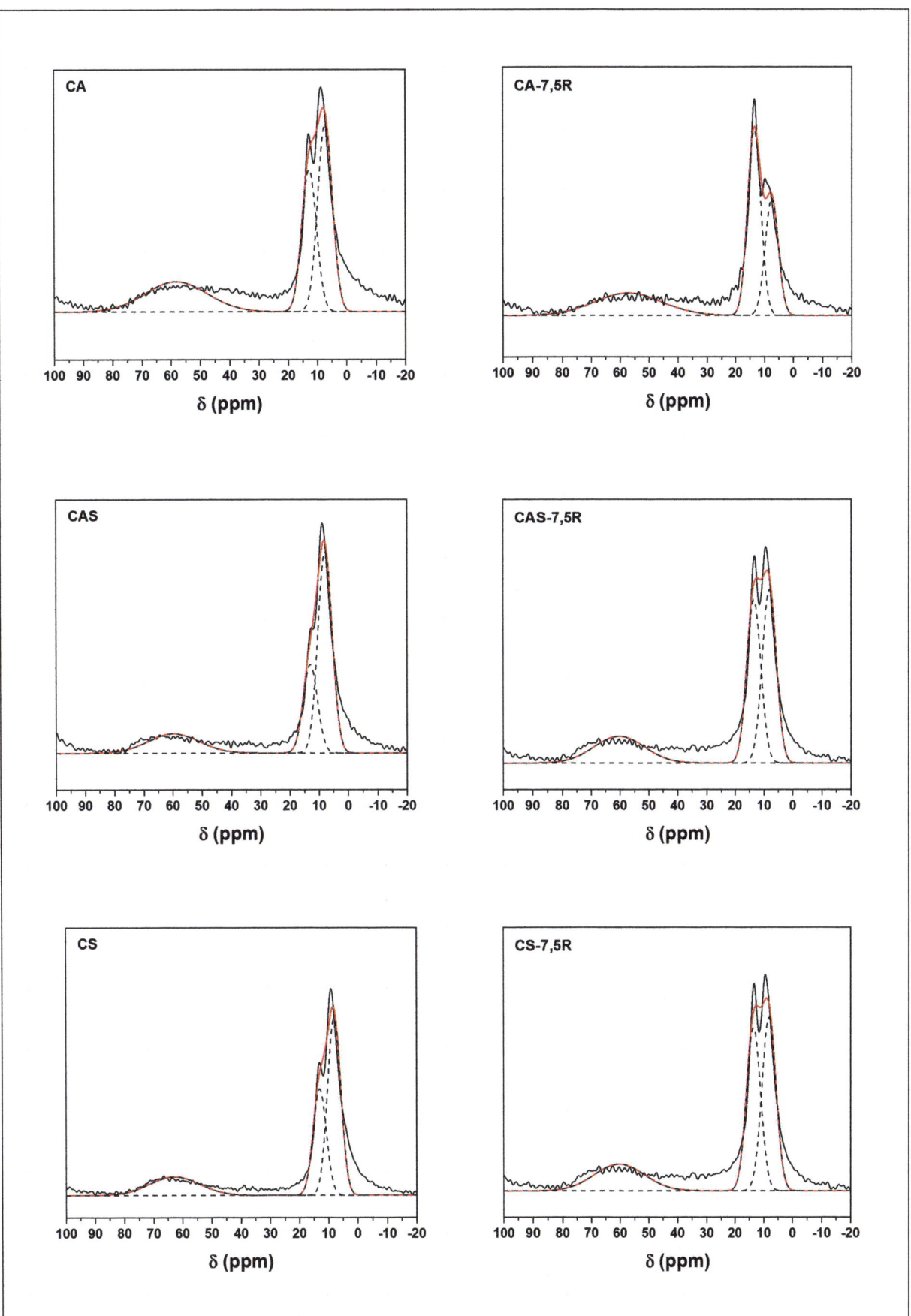

Figura 4.9. Espectros de RMN-MAS del ^{27}Al de las muestras CA, CAS y CS en ausencia y en presencia de 7,5 % de resina.

siana y los parámetros específicos posición, anchura y contribución al área de deconvolución de cada señal se proporcionan en la tabla 4.6. En el caso del núcleo [27]Al, el análisis de la contribución de cada señal al espectro no es cuantitativo, sino semicuantitativo, ya que implica grandes incertidumbres debidas al componente cuadrupolar de la señal RMN-MAS del [27]Al. La evaluación del área solo incluye la señal central principal, no se consideran las bandas satélite laterales debidas a la interacción cuadrupolar.

Todos los espectros de RMN-MAS del [27]Al de las muestras CA, CAS y CS y sus análogas con el residuo pueden deconvolucionarse en tres señales. La primera de ellas aparece alrededor de 63-57 ppm asociada a un aluminio tetraédrico, Al(IV), del material anhidro remanente, y las otras dos señales se detectan a 13,5-12,8 y a 8,2-7,3 ppm atribuidas a un aluminio octaédrico, Al(VI) de la etringita y el monosulfoaluminato ($4CaO \cdot Al_2O_3 \cdot CaSO_4 \cdot 12H_2O$), respectivamente [67, 73].

Tabla 4.6. Parámetros de deconvolución de los espectros de RMN-MAS del [27]Al de las diferentes formulaciones en ausencia y en presencia de 7,5 % de resina.

	Al(IV)			Al(VI)			Al(VI)		
	Posición (ppm)	Anchura (ppm)	Integral (%)	Posición (ppm)	Anchura (ppm)	Integral (%)	Posición (ppm)	Anchura (ppm)	Integral (%)
CA	58,2	25,1	28,0	12,8	5,9	31,1	7,3	5,9	40,9
CA-7,5R	57,2	27,6	27,9	13,5	5,4	44,2	7,5	5,4	27,9
CAS	59,8	20,5	19,1	13,0	5,8	24,7	7,9	5,8	56,2
CAS-7,5R	60,3	20,5	22,0	13,5	5,8	37,8	8,2	5,8	40,2
CS	62,4	18,8	17,8	13,0	6,2	17,8	7,9	6,2	63,1
CS-7,5R	62,8	20,2	19,8	13,1	5,4	30,1	8,1	5,4	50,1

Cuando se introduce escoria de alto horno en las formulaciones, los espectros de [27]Al tienen una forma análoga a los de la muestra CA, sin embargo, el porcentaje de la señal de Al(IV) adscrita al material de partida disminuye, ya que su contenido en aluminio es menor. También se observa que la señal de monosulfoaluminato aumenta en detrimento de la señal de etringita. En presencia de IER, la formación de monosulfoaluminato se favorece frente a la de etringita, pero en menor medida, incluso la muestra CA-7,5R presenta un mayor porcentaje de etringita. La anchura de las señales de los diferentes espectros es bastante similar independientemente de las materias primas de partida y de la presencia del residuo.

Los compuestos de boro pueden presentar configuraciones tetraédricas BO_4 o trigonales BO_3. El BO_4 tetraédrico tiene una resonancia única relativamente estrecha con un desplazamiento químico (δ) de 2 a -4 ppm y constantes de acoplamiento cuadrupolar nuclear de 0 a 0,5 MHz. En cambio, el BO_3 trigonal tiene constantes de acoplamiento cuadrupolar nuclear mayores (2,3 a 2,5 MHz), lo que da lugar a una forma de línea cuadrupolar de segundo orden típica y a valores de desplazamiento químico que oscilan entre 12 y 19 ppm.

Para la elaboración de esta monografía, las resinas se han saturado en una disolución que tiene un alto contenido en ácido bórico, por lo que se ha realizado un estudio del núcleo ^{11}B mediante RMN-MAS, tanto de los tipos de resinas saturadas, como de las pastas de cemento que contienen las resinas. Los espectros de las resinas catiónicas y aniónicas después de la saturación pueden verse en la figura 4.10, y los espectros de las muestras CA, CAS y CS que inmovilizan las resinas, en la figura 4.11. El espectro de la resina catiónica muestra un pico estrecho a 19,3 ppm sobre la amplia señal de fondo. Este pico corresponde a la fase trigonal del boro y está relacionado con el ácido bórico, remanente del proceso de dopaje de la resina. La resina aniónica muestra una resonancia a 3,2 ppm por encima de la amplia señal de fondo, que puede corresponder a la formación de complejos aniónicos de poliborato como resultado de la sorción en la resina de intercambio aniónica [74].

Los espectros RMN-MAS del [11]B de las muestras CA-7,5R, CAS-7,5R y CS-7,5R presentan una señal alrededor de 0 ppm, que corresponde a la fase tetragonal del boro BO_4 (1B,3Si) [75]. Esta señal está desplazada con respecto a la señal de 3,2 ppm de la resina aniónica, lo que indica una modifica-

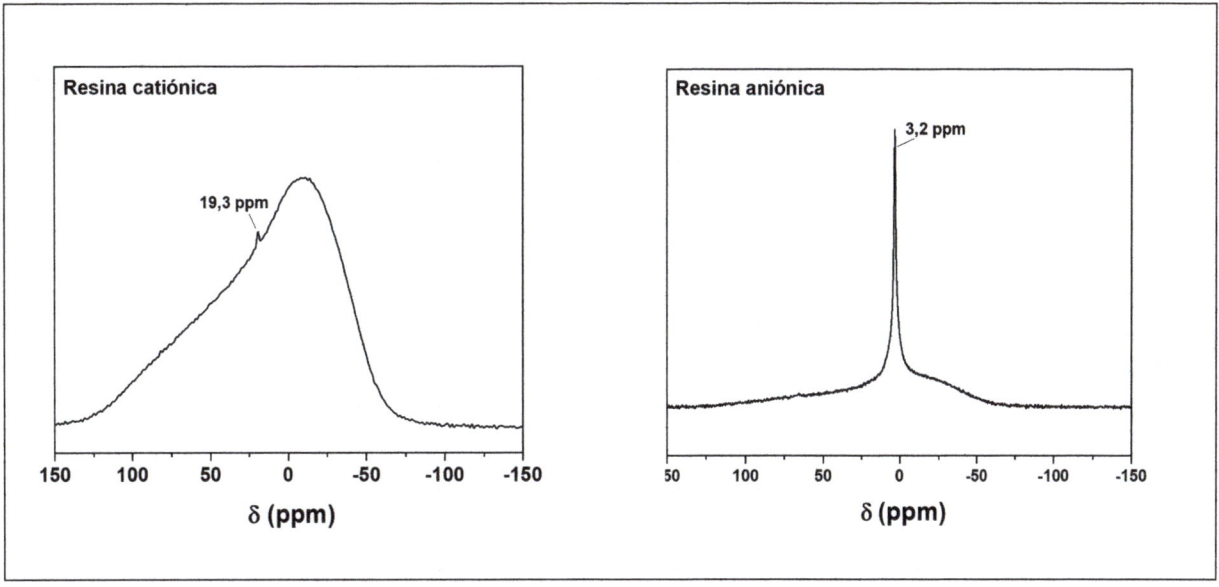

Figura 4.10. Espectros de RMN-MAS del ^{11}B de la resina catiónica y de la resina aniónica [14].

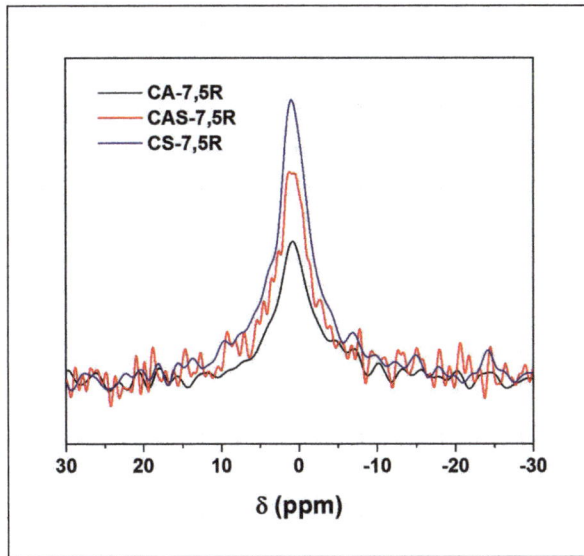

Figura 4.11. Espectros de RMN-MAS del ^{11}B de las muestras CA, CAS y CS en presencia de 7,5 % de resina.

El efecto de la incorporación de escoria de alto horno en las muestras cementantes no parece que tenga un efecto claro sobre la coordinación del boro. Los espectros ^{11}B se han ajustado a una función lorentziana y los parámetros de la deconvolución se reportan en la tabla 4.7, para analizar si existe alguna distorsión de la señal debida a la adición de escoria. Según este análisis, la adición de esta materia prima no distorsiona ni modifica significativamente la señal ^{11}B, ni en posición ni en anchura, solo incrementa ligeramente la intensidad.

Tabla 4.7. Parámetros de deconvolución de los espectros de RMN-MAS del ^{11}B de las diferentes formulaciones en presencia de 7,5 % de resina.

^{11}B	CA-7,5R	CAS-7,5R	CS-7,5R
Posición	0,6	0,7	0,7
Anchura	5,4	5,4	5,4
Intensidad	1,5	2,3	3,1

ción en el entorno del boro, pero se mantiene la coordinación tetraédrica. Sin embargo, no se ha detectado ninguna resonancia correspondiente al boro en coordinación trigonal en estas muestras cementantes con el residuo inmovilizado. Estos resultados concuerdan con el estudio DRX, que no muestra la formación de fases cristalinas de boro. Estos resultados sugieren que el boro puede estar incorporándose a la estructura del gel C-S-H, de forma análoga al aluminio que sustituye al silicio en las posiciones puente del *dreierketten* y compensando el déficit de carga con la presencia de iones calcio y sodio de la disolución de poros [75, 76].

4.3. Estabilidad química de los cementos binarios y ternarios con las resinas de intercambio iónico

El proceso de lixiviación es un fenómeno complejo resultante de un conjunto de diferentes factores que interactúan, como la disolución, el transporte y la reprecipitación de especies en el material. Por lo tanto, la interacción con el agua puede provocar cambios en la microestructura de los materiales [14]. Debido a su alta capacidad disolvente, el agua provoca alteraciones en los materiales cementantes y también actúa como medio de transporte de radioisótopos. Además, debido a esta interacción con el agua, pueden formarse fácilmente compuestos solubles, que posteriormente son transportados por una corriente de agua o permanecen en el lugar de su formación, pero no tienen propiedades aglutinantes. Además, los compuestos formados pueden tener un comportamiento expansivo y generar grietas [77]. Por tanto, un ataque de agua puede causar la pérdida de integridad del bulto, así como favorecer el transporte de radionucleidos al exterior y, por ello, es necesaria una evaluación de las matrices cementantes en este escenario.

El comportamiento de las tres muestras CA, CAS y CS bajo inmersión en agua y su capacidad de lixiviación se ha estudiado mediante ensayos de lixiviación según la norma ANSI/ANS-16.1-2019, *Measurement of Leachability of Solidified Low-Level Radioactive Wastes by a Short-Term Test Procedure* [47]. Este ensayo permite evaluar y comparar la resistencia de los sistemas cementantes a la lixiviación en condiciones controladas de laboratorio, ya que determina el índice de lixiviación (L_i), que indica el grado de inmovilización de los radionucleidos. En particular, un L_i superior a 6 es considerado como un criterio de aceptación para los radionucleidos.

4.3.1. Ensayos de lixiviación

La evolución del pH y la conductividad del lixiviado en las tres muestras CA, CAS y CS con un 7,5 % de resina a lo largo del tiempo de ensayo se ha estudiado y se presenta en la figura 4.12. Los valores de pH y conductividad del agua desionizada y descarbonatada utilizada como lixiviante son 10,1 y 7,7 µS respectivamente, representados con una línea negra discontinua en esta figura. Se puede observar que tanto el pH como la conductividad del lixiviado superan el valor del lixiviante desde el inicio del ensayo, dos horas, lo que indica una interacción entre el material cementante y el lixiviante y una liberación de especies iónicas al medio acuoso que aumenta el pH y la conductividad. Ambos parámetros siguen la misma tendencia, experimentan un aumento significativo al inicio del ensayo, durante las primeras 24 h, luego disminuyen bruscamente durante los primeros cinco días, y vuelven a experimentar un aumento el día 14 hasta estabilizarse con el paso del tiempo. Estas subidas y bajadas pueden deberse a procesos de difusión y precipitación de fases, pero también al efecto de los intervalos de ensayo, dado que inicialmente se libera un alto contenido en especies, disminuye cuando la frecuencia de reposición de lixiviados es de una vez al día y aumenta cuando es cada dos semanas, lo que sugiere que puede existir un efecto relacionado con la frecuencia de renovación, aparte de los procesos derivados del ataque del agua a los sistemas.

Los elementos lixiviados de los residuos nucleares simulados son analizados, pero debido a las pequeñas cantidades en las que se encuentran en el dopaje de la IER y a que la lixiviación es mínima, no es factible detectar cobalto, níquel, cesio y cobre por ICP-OES. Sin embargo, es posible determinar estroncio (Sr) porque, además de estar presente en la disolución de dopaje, este también está presente en los materiales de partida. También es posible detectar boro (B) en el lixiviado porque es el elemento mayoritario en la resina dopante. La figura 4.13 presenta los índices de lixiviación, L_i, para el Sr y el B en las muestras CA-7,5R, CAS-7,5R y CS-7,5R.

Los índices de lixiviación del Sr de las muestras CAS-7,5R y CS-7,5R son mayores que el de la matriz de referencia, indicando una mejor retención de Sr en estos sistemas. Aunque hay que destacar que todos ellos son superiores a 6, por lo que cumplen los criterios de aceptación de residuos para los sistemas cementantes que inmovilizan residuos radiactivos. Este resultado puede ser asociado a la mayor reactividad puzolánica de la escoria en comparación con las cenizas volantes. La presencia de escoria aporta un mayor contenido de calcio al medio y se produce una mayor precipitación del gel C-S-H, reduciendo la porosidad total del sistema [53] y, por lo tanto, dificultando la lixiviación del estroncio. Por otra parte, el comportamiento de lixiviación del boro es diferente al del Sr. En este caso, la matriz de referencia, CA-7,5R, presenta una mayor retención de boro que las muestras binarias y ternarias que contienen escoria de alto horno. Todos los sistemas tienen índices de lixiviación del boro muy superiores al criterio de aceptación de residuos de 6, alcanzando la referencia un valor de 13,2 y las dos nuevas formulaciones un valor entre 10,5 y 10,8.

Durante el ensayo de lixiviación, la mineralogía y la microestructura de los materiales pueden sufrir cambios debido al proceso de degradación en contacto con el agua. Para evaluar estos posibles cambios, las probetas sumergidas en el lixiviante se analizan mediante DRX y BSEM-EDX.

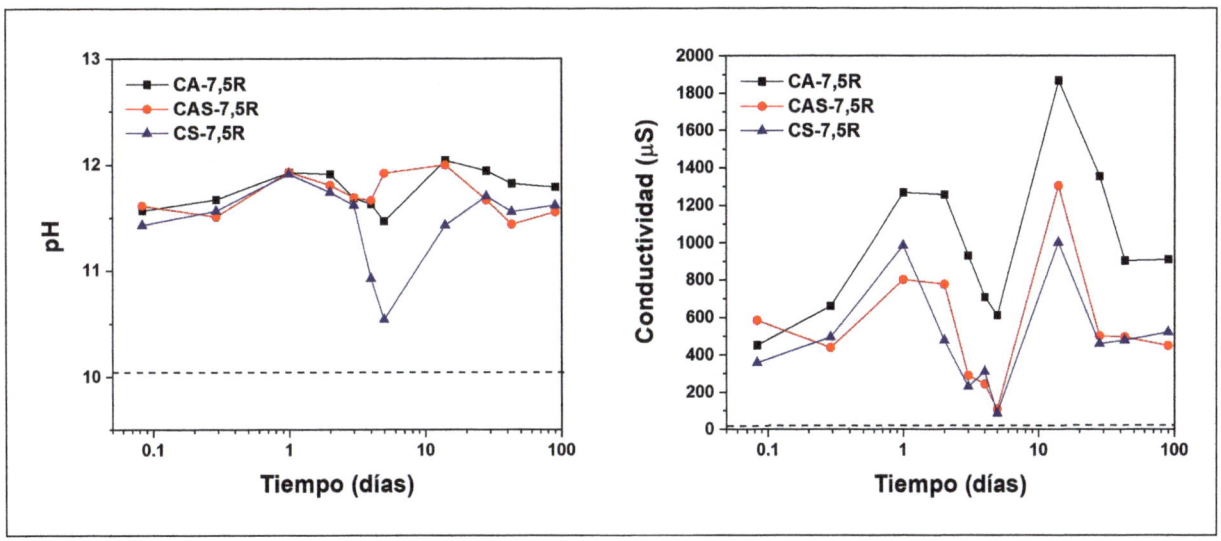

Figura 4.12. Izquierda: pH. Derecha: conductividad del lixiviado durante el ensayo de lixiviación. La línea negra discontinua indica el nivel de referencia del agua desionizada.

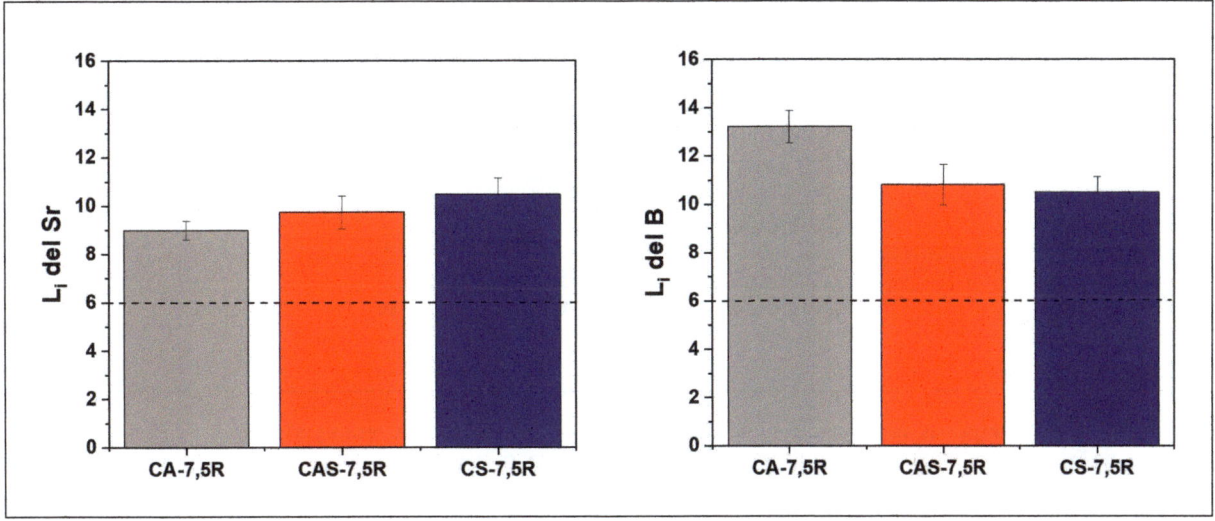

Figura 4.13. Izquierda: índice de lixiviación, L_i, de Sr. Derecha: índice de lixiviación, L_i, de B en los tres sistemas cementantes estudiados.

4.3.2. DRX

Las probetas, después de ser curadas durante 28 días y posteriormente expuestas al ensayo de lixiviación, se caracterizan por DRX a los 90 días de ensayo y se comparan con sus difractogramas correspondientes al inicio del ensayo, es decir, a los 28 días de curado a temperatura ambiente (incluidos también en la figura 4.3). La figura 4.14 presenta los difractogramas de las muestras CA-7,5R, CAS-7,5R y CS-7,5R después del ensayo de lixiviación, denominadas muestras CA lix, CAS lix y CS lix respectivamente. En los DRX de las muestras CA lix, CAS lix y CS lix se detecta la formación de las

mismas fases que en sus muestras análogas sin exposición al lixiviante, el gel C-S-H ($2\theta = 29,3^\circ$, $32,0^\circ$ y $50,1^\circ$), la portlandita (COD 1001768), la etringita (COD 9012922), el yeso (COD 1011074), el cuarzo (COD 1011097), la mullita (COD 9001567) y la hematita (COD 9015065). La intensidad y la localización de los picos de los difractogramas no varían significativamente debido a la realización del ensayo de lixiviación, lo que sugiere una cierta estabilidad de dichas fases. Sin embargo, hay que destacar el incremento de la intensidad de los picos de difracción de la calcita (COD 9000095), e incluso la detección de nuevos picos; su presencia indica que, aunque la atmósfera se mantiene lo más aisla-

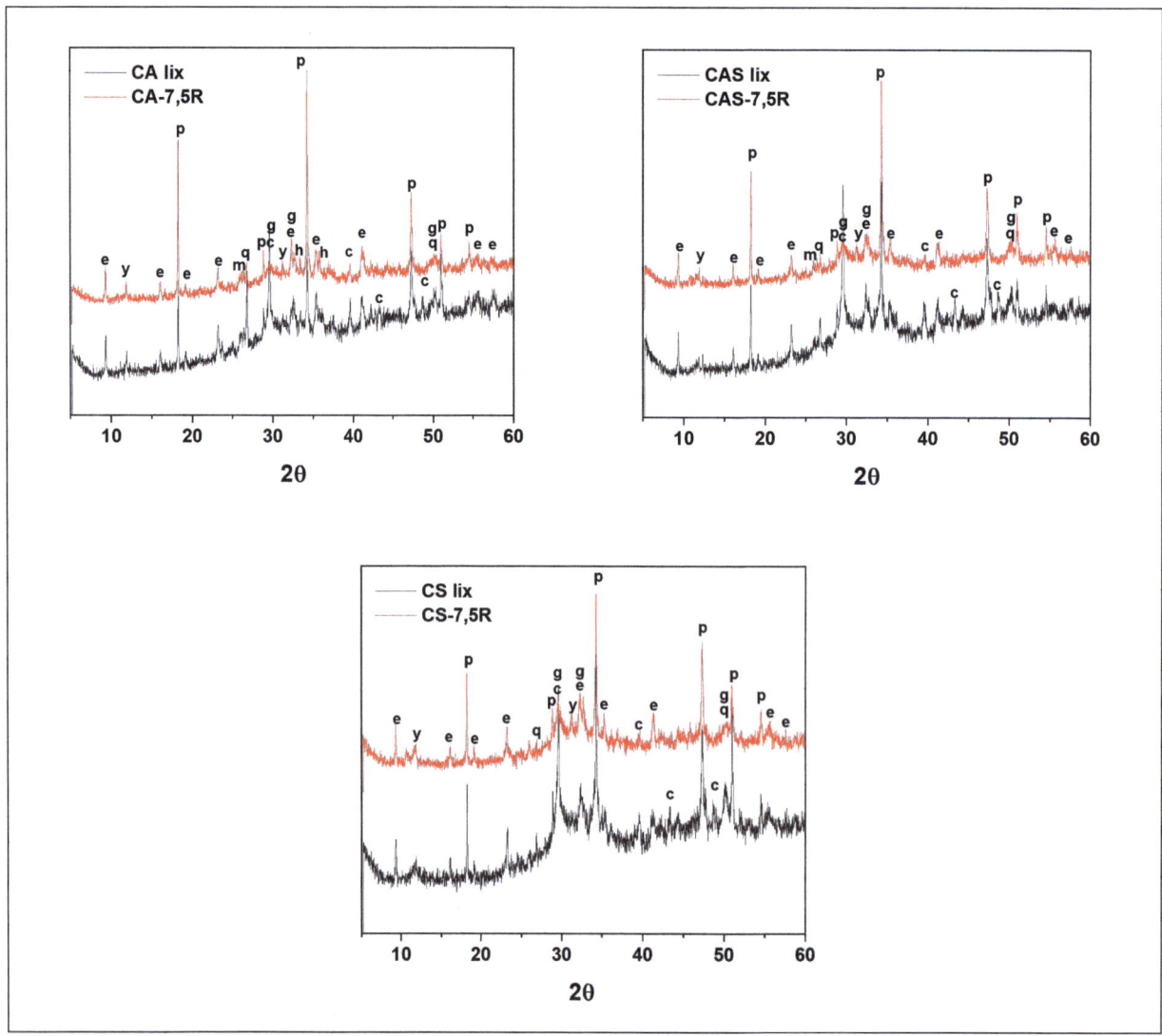

Figura 4.14. Difractogramas de las muestras CA, CAS y CS en presencia de 7,5 % de resina y a los 90 días de los ensayos de lixiviación (g, gel C-S-H; p, portlandita; e, etringita; c, calcita; q, cuarzo; m, mullita; h, hematita; y, yeso).

da posible para evitar la introducción de CO_2 en el sistema mediante rápidos cambios de lixiviado y lixiviante y la descarbonatación inicial del agua, no se evita la carbonatación de las muestras.

4.3.3. BSEM/EDX

Las micrografías de BSEM de las muestras CA lix, CAS lix y CS lix tras 90 días del ensayo de lixiviación se presentan en las figuras 4.15, 4.16 y 4.17. Estas micrografías muestran una zona afectada de unos 50-100 μm de profundidad desde la superficie expuesta al lixiviante. En esta zona se observan menos materiales anhidros, indicativo de que la reacción de hidratación de las pastas se ha producido en mayor medida en esta zona debido a la interacción con el agua durante el ensayo de lixiviación. En estas micrografías también se detecta una microfisura paralela a la superficie expuesta de la muestra a una distancia de unos 150-200 μm, pudiéndose producir un desprendimiento del material a edades más avanzadas.

Por otra parte, se hace un mapa de todos los elementos que constituyen la matriz de las muestras CA lix, CAS lix y CS lix tras 90 días del ensayo de lixiviación para estudiar la distribución de los elementos Ca, Al, Si, Na y S en las micrografías de BSEM (figuras 4.18, 4.19 y 4.20). En estos mapas elementales se puede observar que no hay una lixiviación significativa de los elementos constituyentes del gel C-S-H en la zona afectada por la lixiviación. En el mapa del S, se observan unas zonas muy intensas que se corresponden con la presencia de resinas, ya que están constituidas por grupos sulfónicos. Los elementos trazas que formaban parte del

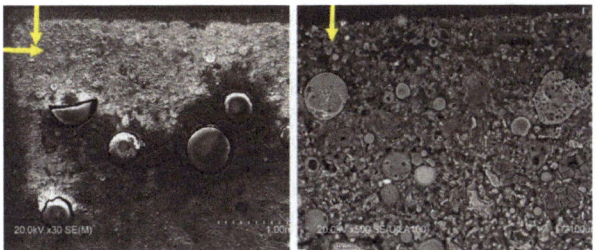

Figura 4.15. Micrografías de BSEM de pasta de CA lix tras 90 días de ensayo de lixiviación. Izquierda: superficie de contacto con el lixiviado (×30). Derecha: superficie de contacto con lixiviado (×500). Las flechas amarillas indican la cara de la muestra expuesta al agua y la dirección de penetración del agua en la muestra.

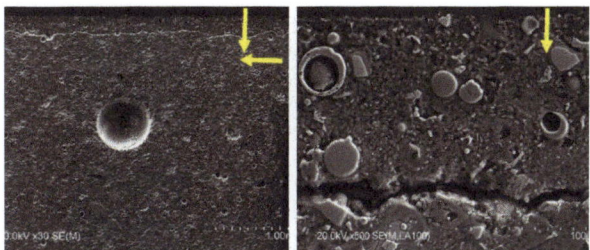

Figura 4.16. Micrografías de BSEM de pasta de CAS lix tras 90 días de ensayo de lixiviación. Izquierda: superficie de contacto con el lixiviado (×30). Derecha: superficie de contacto con lixiviado (×500). Las flechas amarillas indican la cara de la muestra expuesta al agua y la dirección de penetración del agua en la muestra.

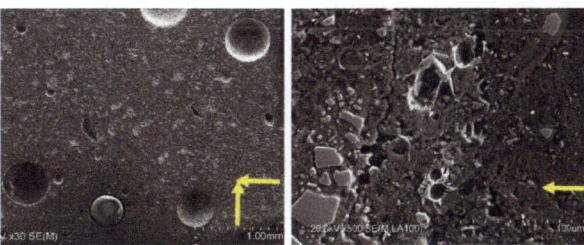

Figura 4.17. Micrografías de BSEM de pasta de CS lix tras 90 días de ensayo de lixiviación. Izquierda: superficie de contacto con el lixiviado (×30). Derecha: superficie de contacto con lixiviado (×500). Las flechas amarillas indican la cara de la muestra expuesta al agua y la dirección de penetración del agua en la muestra.

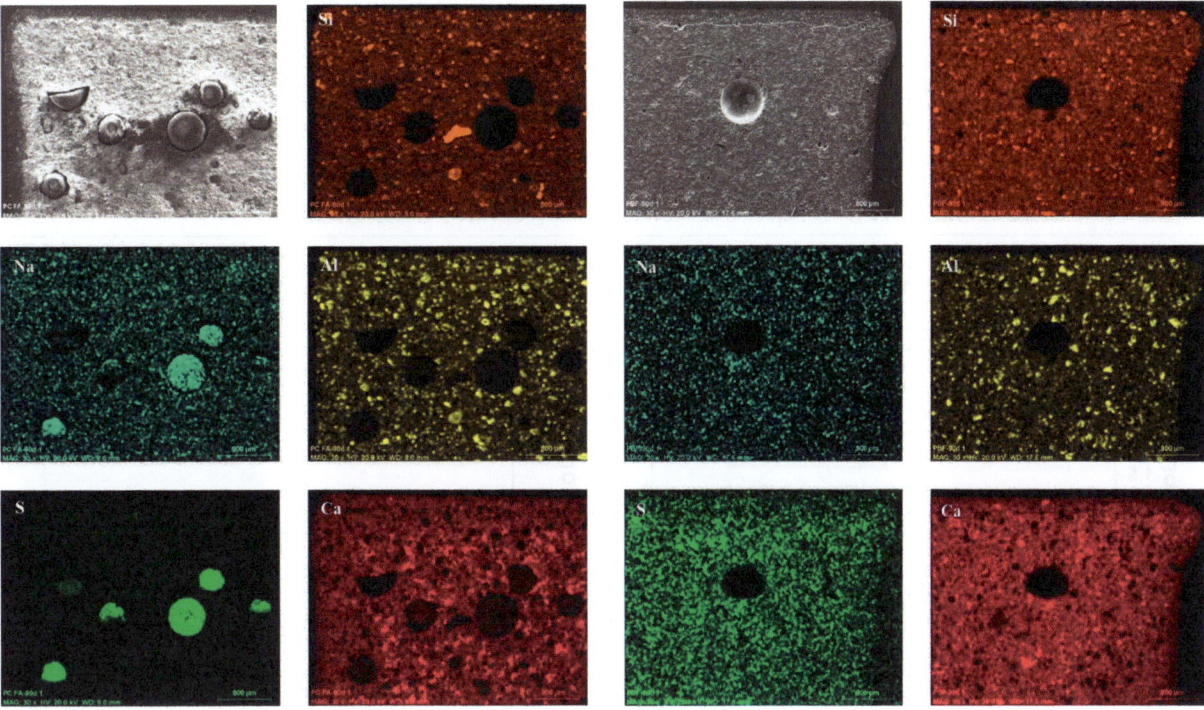

Figura 4.18. Micrografía BSEM y mapeos de la muestra CA lix tras 90 días de ensayo de lixiviación. Incluye los mapas de los elementos Si, Na, Al, S y Ca.

Figura 4.19. Micrografía BSEM y mapeos de la muestra CAS lix tras 90 días de ensayo de lixiviación. Incluye los mapas de los elementos Si, Na, Al, S y Ca.

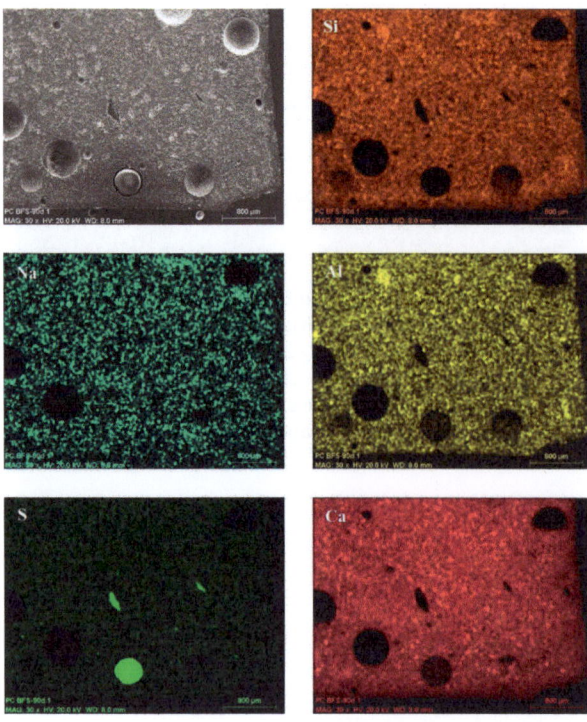

Figura 4.20. Micrografía BSEM y mapeos de la muestra CA lix tras 90 días de ensayo de lixiviación. Incluye los mapas de los elementos Si, Na, Al, S y Ca.

dopaje de la resina no pueden detectarse mediante esta técnica. Por otra parte, Llorente [77] o Kamali *et al.* [78] han observado la formación de una capa de calcita en la superficie durante los ensayos de lixiviación. Esta capa podría obstruir los poros, lo que daría como resultado una disminución de la velocidad de lixiviación, al actuar como una capa protectora. Se podría pensar que en estas muestras cementantes se puede formar esta capa de calcita ya

que se detecta su presencia por DRX, sin embargo, como se puede observar en las micrografías de BSEM, esto no sucede. También es necesario mencionar que no existen diferencias significativas en la respuesta de las matrices de las muestras CA lix, CAS lix y CS bajo la acción del ensayo de lixiviación.

Para evaluar los posibles cambios en la composición de las matrices en función de la distancia a la superficie en contacto con el agua, aproximadamente 50-100 μm de profundidad, se han realizado análisis EDX para las muestras CA lix, CAS lix y CS lix definiendo tres zonas, como se muestra en la figura 4.21. Los resultados de la composición de los diferentes sistemas se muestran en la figura 4.22, que incluye las relaciones Ca/Si y Si/Al en cada zona. Del análisis EDX se concluye que la composición de

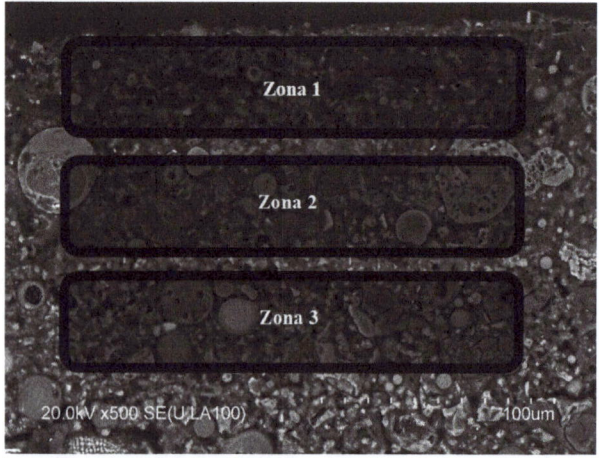

Figura 4.21. Definición de las regiones de análisis EDX en función de la distancia a la superficie de contacto entre el lixiviante y la muestra. La micrografía de BSEM de la matriz CA lix se muestra en la figura como ejemplo.

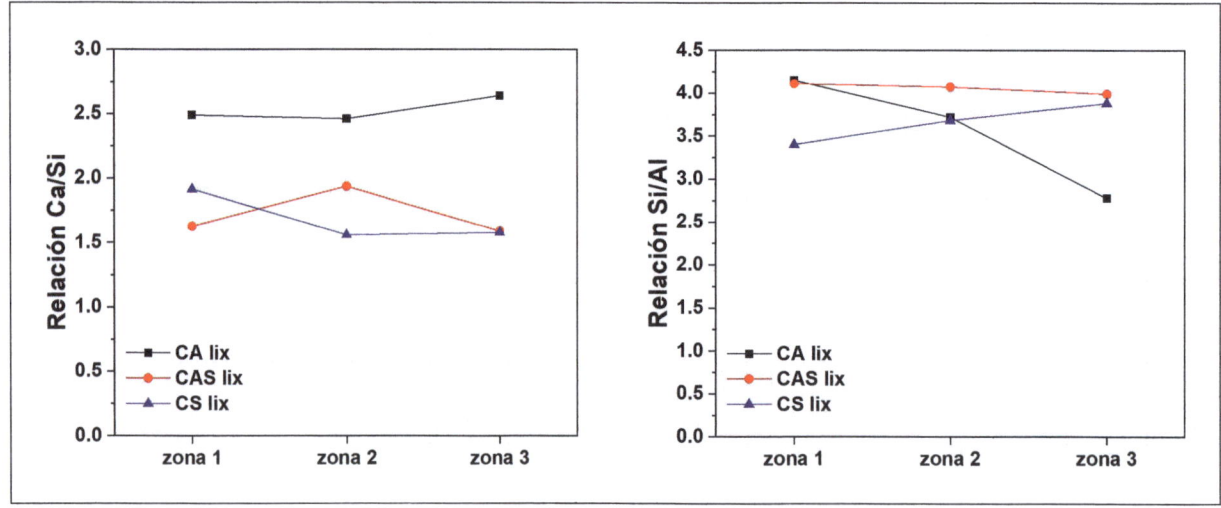

Figura 4.22. Izquierda: relaciones Ca/Si. Derecha: Si/Al de las pastas tras 90 días de ensayo de lixiviación obtenidas por EDX en función de la distancia a la superficie, siendo la zona 1 la más próxima a la superficie y la zona 3 la más alejada.

los geles no se altera significativamente debido a la interacción con el lixiviante, agua desionizada, como se ha visto anteriormente en los mapas, donde no hay acumulación ni reducción de elementos en la superficie de la muestra. Las relaciones Ca/Si y Si/Al no varían drásticamente de la zona 1 a la zona 3, aunque existe cierta variabilidad debido a la heterogeneidad del material. El cemento de referencia, CA lix, como era de esperar, es más rico en aluminio, conllevando, en general, unas relaciones Si/Al menores. Por otra parte, esta formulación presenta unas relaciones Ca/Si mayores en las tres regiones, concretamente asociadas a unas altas concentraciones de calcio, contrario a lo que cabe esperar considerando los materiales de partida, cemento y ceniza. Esto puede deberse a que inicialmente el calcio de las muestras CAS-7,5R y CS-7,5R, en mayor proporción, ha interaccionado con el boro de la resina y después del ensayo de lixiviación su concentración en estas formulaciones es menor.

5. CONCLUSIONES

La investigación realizada en la presente monografía se ha orientado a ampliar el conocimiento actual sobre otras formulaciones con materiales cementantes suplementarios, en concreto en su aplicación como matrices para el acondicionamiento e inmovilización de resinas gastadas de intercambio iónico de grado nuclear. Para ello, se han propuesto y estudiado formulaciones basadas en escoria de alto horno con sustitución parcial o total de ceniza volante, que constituye una de las formulaciones que se emplean en España para la inmovilización de residuos de baja y media actividad. El estudio de estas formulaciones se ha centrado en la evaluación de las propiedades en estado fresco, micro y nanoestructurales y la estabilidad química frente a lixiviación.

Inicialmente, se ha realizado el estudio de las propiedades de las muestras CA, CAS y CS en estado fresco. En este estudio, se ha observado que el incremento del contenido de escoria disminuye la fluidez de los materiales y acelera el fraguado. Estos resultados se confirman con los análisis de calorimetría, que muestran una cinética de reacción más rápida y más intensa en presencia de escoria. Este comportamiento se explica por varios motivos: en primer lugar, la mayor superficie específica de la escoria genera una mayor demanda de agua y, por tanto, una disminución de la fluidez. Además, las cenizas volantes tienen una baja reactividad a temperatura ambiente, lo que retrasa la reacción de activación. Asimismo, la reacción se ve acelerada cuando se sustituye la ceniza por escoria debido a la mayor disponibilidad de calcio en la disolución de poro, que favorece la formación del gel C-S-H.

La adición de resina modifica de manera drástica las propiedades en estado fresco de los sistemas. El contenido de resina en la formulación produce un retraso significativo de las reacciones de hidratación de los materiales cementantes, indicando que existe una interacción entre el dopado de la resina y la disolución de poro. Esta interacción podría generar una reducción temporal del OH- disponible y la reacción entre los aniones bórico y cálcico para formar compuestos insolubles de borato cálcico que precipiten sobre los granos, impidiendo su reacción y limitando el calcio disponible.

El análisis de la micro y nanoestructura de las muestras CA, CAS y CS pone de manifiesto que el producto principal de los sistemas cementantes analizados, tanto en presencia como en ausencia de 7,5 % de resinas, es un gel C-S-H con una estructura tipo cadena, con una presencia significativa de unidades Q1, junto a unidades Q2(0Al) y Q2(1Al), debido a la sustitución de Si por Al en las posiciones puente del dreierketten. En la muestra CA, también se observa una pequeña contribución de unidades más polimerizadas, Q4, asociadas a la presencia de ceniza. El gel formado en esta misma muestra está compuesto por cadenas ligeramente más largas, cinco eslabones, frente a cuatro eslabones para el resto de muestras. Además del gel, productos secundarios de reacción: portlandita, etringita y calcita, y algunas fases cristalinas de las materias primas anhidras, como cuarzo, mullita y hematita, se han detectado por DRX y FTIR. También se observa la presencia de yeso, que se adiciona para regular el fraguado. En presencia de la IER, se observa que el porcentaje de portlandita disminuye en las tres muestras, probablemente debido a la interacción de los iones Ca2+ con el boro procedente del dopado de la resina, aunque no se observa formación de ningún compuesto cristalino de boro.

Los geles formados en las muestras CA, CAS y CS presentan una morfología compacta y homogénea, solo interrumpida por la presencia de las esferas de cenizas volantes o los huecos dejados por ellas al reaccionar, donde las resinas permanecen encapsuladas en las matrices, mostrando una interfase no reactiva entre la resina y el cemento. Sin embargo, mediante EDX se observa que la introducción de resina disminuye la relación Ca/Si del gel. Además, los espectros de RMN-MAS del 11B de las tres muestras presentan una señal de boro tetraédrico a 0,7 ppm, que corresponde con la fase tetragonal del boro BO4 (1B,3Si). Estos resultados sugieren que el boro proveniente del dopado de la resina reacciona con el gel de la matriz, se incorpora a la estructura del gel sustituyendo parcialmente al Si tetraédrico y probablemente interacciona con el calcio y el sodio de la disolución de los poros para compensar el déficit de carga generado de la sustitución.

Por último, en la presente monografía se ha estudiado la estabilidad química de las muestras CA, CAS y CS en presencia de un 7,5 % de IER mediante ensayos de lixiviación, ya que estos ensayos pueden proporcionar una indicación del grado de inmovilización de los radionucleidos a largo plazo. El ataque del agua puede causar la pérdida de la integridad del residuo acondicionado, así como favorecer el transporte de radionucleidos al exterior. En el estudio de la lixiviación de los elementos dopantes de la resina se observa que las matrices CAS y CS presentan mayores índices de lixiviación para el estroncio, lo que indica una mejor retención del estroncio en estos sistemas. Sin embargo, la matriz referencia, CA, exhibe una mayor retención de boro.

El estudio mineralógico de las tres formulaciones tras el ensayo de lixiviación muestra la presencia de los mismos productos de reacción gel C-S-H, portlandita, etringita y calcita, aunque la formación de esta última fase es favorecida. Las micrografías de BSEM muestran una región afectada por la interacción de la matriz con el agua de unas 50-100 µm de profundidad. En esta región se encuentran menos anhidros, lo que sugiere un mayor grado de hidratación de las materias primas. Sin embargo, mediante análisis EDX, no se encontraron diferencias significativas en la composición entre la zona afectada por la exposición al agua y las no alteradas.

Por todo ello, en la presente monografía se ha confirmado que, atendiendo a las propiedades en estado fresco, microestructurales y de lixiviación de las formulaciones constituidas por cemento y 18 % de ceniza y 18 % de escoria (CAS) y por cemento y 36 % de escoria (CS), estas matrices pueden utilizarse para el confinamiento seguro de resinas gastadas de intercambio iónico de grado nuclear. Estas dos formulaciones muestran un comportamiento que, en muchos casos, mejora el de la matriz referencia, CA, actualmente utilizada para la inmovilización de este tipo de residuo. Por tanto, considerando las propiedades evaluadas, es posible aumentar la relación resina/cemento del sistema disminuyendo de este modo el volumen total de residuos a gestionar en el repositorio y los costes asociados a su gestión.

6. LÍNEAS DE INVESTIGACIÓN FUTURAS

En la aplicación particular de gestión de residuos radiactivos, como futura línea de investigación se plantea hallar la relación resina/cemento máxima que permita optimizar el volumen del residuo gestionado atendiendo a los diferentes criterios de aceptación del bulto, como límites de actividad, lixiviación de radionúclidos, resistencias mecánicas, resistencia al fuego, entre otros.

También se plantea otra línea de investigación que explore la realización de estudios a escala piloto y a escala real (bidones de 220 l), porque existen problemas asociados al calor de hidratación y a la retracción del material que pueden comprometer la inmovilización de la resina de intercambio iónico. La reacción de hidratación del cemento es exotérmica, lo que puede producir, por un lado, un aumento de temperatura en el interior del bidón, llegando a temperaturas de 100 °C, con la posible degradación de las resinas y acumulación de gases que deformen el bidón y, por otro lado, también debido a este incremento de temperatura, la disolución de los poros puede evaporarse rápidamente generando la retracción del material y la formación de fisuras. La deformación del bidón y la generación de fisuras en la matriz cementante puede hacer que la inmovilización del residuo se ponga en riesgo y, por lo tanto, una monitorización a través de distintos dispositivos y sensores de estos parámetros a escala piloto y a escala real es muy necesaria.

Además, es interesante realizar una caracterización del agente de acondicionamiento con residuo real, para evaluar los posibles efectos de la radiación en el material cementante. Del mismo modo, es necesario el estudio de la durabilidad de estas matrices cementantes, ya que puede existir una interacción entre ellas y las barreras químicas del repositorio que comprometa la seguridad del almacenamiento de los residuos.

7. BIBLIOGRAFÍA

[1] Jefatura del Estado. Ley 25/1964, de 29 de abril, sobre energía nuclear. BOE-A-1964-7544; 1964; pp. 1-37.

[2] Joint Convention on the Safety of Spent Fuel Management and on the Safety of Radioactive Waste Management. Disponible en: https://www.iaea.org/topics/nuclear-safety-conventions/jointconvention-safety-spent-fuel-management-and-safety-radioactive-waste.

[3] Council Directive 2011/70/EURATOM of 19 July 2011. Oficial Journal of the European Union; 2011; pp. 48-56.

[4] Ministerio de Industria, Energía y Turismo. Real Decreto 102/2014, de 21 de febrero, para la gestión responsable y segura del combustible nuclear gastado y los residuos radiactivos. BOE-A-2014-2489; 2014; pp. 1-14.

[5] Enresa. Inventario Nacional. Disponible en: https://www.enresa.es/esp/inicio/actividades-y-proyectos/inventario-nacional.

[6] Ministerio para la Transición Ecológica y el Reto Demográfico. 7.o Plan General de Residuos Radiactivos; 2023.

[7] Consejo de Seguridad Nuclear. Residuos radiactivos; 2014.

[8] International Atomic Energy Agency (IAEA). Fundamental safety principles. IAEA Safety standards for protecting people and the environment; n.º SF-1; Viena; 2006.

[9] International Commission on Radiological Protection (ICRP). Publication 103. The 2007 Recommendations of the International Commission on Radiological Protection; 2007.

[10] Condorchen Enviro Solutions. Acondicionamiento de residuos nucleares de baja y media actividad. Disponible en: https://condorchem.com/es/blog/acondicionamiento-residuos-nucleares-baja-media-actividad/.

[11] Consejo de Seguridad Nuclear. Clasificación de residuos radiactivos. Disponible en: https://www.enresa.es/esp/inicio/actividades-y-proyectos/inventario-nacional.

[12] Lafond E, Cau-Dit-Coumes C, Gauffinet S, Chartier D, Stefan L, Le Bescop, P. Solidification of ion exchange resins saturated with Na+ ions: Comparison of matrices based on Portland and blast furnace slag cement. J. Nucl. Mater. Vol. 483; 2017; pp. 121-131.

Disponible en: https://doi.org/10.1016/j.jnucmat.2016.11.003.

[13] Wang J, Wan Z. Treatment and disposal of spent radioactive ion-exchange resins produced in the nuclear industry. *Prog. Nucl. Energy,* vol. 78; 2015; pp. 47-55. Disponible en: https://doi.org/10.1016/j.pnucene.2014.08.003.

[14] De Hita Fernández, M. J. Alkali-activated cements for safe and sustainable immobilisation of nuclear-grade spent ion exchange resins [tesis doctoral]. Madrid: Universidad Autónoma de Madrid; 2024.

[15] International Atomic Energy Agency (IAEA). Application of ion exchange processes for the treatment of radioactive waste and management of spent ion exchangers. Technical reports series n.º 408; Viena; 2002.

[16] Plecas, I., Pavlovic, R. y Pavlovic, S. Leaching behavior of 60Co and 137Cs from spent ion exchange resins in cement-bentonite clay matrix. *J. Nucl. Mater,* vol. 327; 2004; pp. 171-174. Disponible en: https://doi.org/10.1016/j.jnucmat.2004.02.001.

[17] Neji, M., Bary, B., Le Bescop, P. y Burlion, N. Swelling behavior of ion exchange resins incorporated in tri-calcium silicate cement matrix: I. Chemical analysis. *J. Nucl. Mater,* vol. 467; 2015; pp. 544-556. Disponible en: https://doi.org/10.1016/j.jnucmat.2015.10.013.

[18] Lafond, E., Cau-Dit-Coumes, C., Gauf, S., Chartier, D., Stefan, L. y Le Bescop, P. Solidification of ion exchange resins saturated with Na+ ions: Comparison of matrices based on Portland and blast furnace slag cement. *J. Nucl. Mater,* vol. 483; 2017; pp. 121-131. Disponible en: https://doi.org/10.1016/j.jnucmat.2016.11.003.

[19] Luca, V., Bianchi, H. L. y Manzini, A. C. Cation immobilization in pyrolyzed simulated spent ion exchange resins. *J. Nucl. Mater,* vol. 424; 2012; pp. 1-11. Disponible en: https://doi.org/10.1016/j.jnucmat.2012.01.004.

[20] Potapov, S. P. Application of stable boron isotopes. *Sov. J. At. Energy,* vol. 10; 1962; pp. 234-241.

[21] Sociedad Nuclear Española. Boro. En: Diccionario nuclear [Internet]. Disponible en https://www.sne.es/diccionario-nuclear/boro/.

[22] International Atomic Energy Agency (IAEA). Characteristics of radioactive waste forms conditioned for storage and disposal: Guidance for the develop-

ment of waste acceptance criteria. IEAEA-TEC-DOC-285; 1983.

[23] Li, J. y Wang, J. Advances in cement solidification technology for waste radioactive ion exchange resins: A review. *J. Hazard. Mater,* vol. 135; 2006; pp 443-448. Disponible en: https://doi.org/10.1016/j.jhazmat.2005.11.053.

[24] International Atomic Energy Agency (IAEA). Predisposal management of organic radioactive waste. Technical Reports Series n.º 427; Viena; 2004.

[25] Pisciella, P., Crisucci, S., Karamanov, A., Pelino, M. Chemical durability of glasses obtained by vitrification of industrial wastes. *Waste Manag,* vol. 21; 2001; pp. 1-9. Disponible en: https://doi.org/10.1016/S0956-053X(00)00077-5.

[26] Bhat, P. N., Ghosh, D. K., Desai, M. V. M. Immobilisation of beryllium in solid waste (red-mud) by fixation and vitrification. *Waste Manag.,* vol. 22; 2002; pp. 549-556. Disponible en: https://doi.org/10.1016/S0956-053X(02)00013-2.

[27] Sun, Q., Li, J. y Wang, J. Effect of borate concentration on solidification of radioactive wastes by different cements. *Nucl. Eng. Des.,* vol. 241; 2011; pp. 4341-4345. Disponible en: https://doi.org/10.1016/j.nucengdes.2011.08.040.

[28] Enresa. 8.o Plan de I+D Enresa 2019-2023; 2019.

[29] Abdel Rahman, R. O. y Zaki, A. A. Comparative analysis of nuclear waste solidification performance models: Spent ion exchanger-cement based wasteforms. *Process Saf. Environ. Prot.,* vol. 136; 2020; pp. 115-125. Disponible en: https://doi.org/10.1016/j.psep.2019.12.038.

[30] Le Bescop, P., Bouniol, P. y Jorda, M. *Immobilization in cement of ion exchange resins. MRS Online Proc. Libr.,* vol. 176; 1989; pp. 183-189. Disponible en: https://doi.org/10.1557/PROC-176-183.

[31] Bagosi, S. y Csetenyi, L. J. Immobilization of caesium-loaded ion exchange resins in zeolite-cement blends. *Cem. Concr. Res.,* vol. 29; 1999; pp. 479-485. Disponible en: https://doi.org/10.1016/S0008-8846(98)00190-2.

[32] Pan, L. K., Chang, B. D. y Chou, D. S., Optimization for solidification of low-level-radioactive resin using Taguchi analysis. *Waste Manag.,* vol. 21; 2001; pp. 767-772. Disponible en: https://doi.org/10.1016/S0956-053X(01)00012-5.

[33] Osmanlioglu, A, E. Progress in cementation of reactor resins. *Prog. Nucl. Energy,* vol. 49; 2007; pp. 20-26. Disponible en: https://doi.org/10.1016/j.pnucene.2006.07.006.

[34] Plecas, I. y Dimović, S. Influence of natural sorbents on the immobilization of spent ion exchange resins in cement. *J. Radioanal. Nucl. Chem.,* vol. 269; 2006; pp. 181-185. Disponible en: https://doi.org/10.1007/s10967-006-0248-9.

[35] Koťáková, J., Zatloukal, J., Reiterman, P. y Kolář, K. Concrete and cement composites used for radioactive waste deposition. *J. Environ. Radioact.;* 2017; pp. 147-155, 178-179. Disponible en: https://doi.org/10.1016/j.jenvrad.2017.08.012.

[36] Kryvenko, P., Cao, H., Petropavlovskyi, O., Weng, L. y Kovalchuk, O. Applicability of alkali-activated cement for immobilization of low-level radioactive waste in ion-exchange resins. *Eastern-European J. Enterp. Technol.,* vol. 1, n.º 6; 2016; pp. 40-45. Disponible en: https://doi.org/10.15587/1729-4061.2016.59489.

[37] Bortnikova, M. S., Karlina, O. K., Pavlova, G. Y., Semenov, K. N. y Dmitriev, S. A. Conditioning the slag formed during thermochemical treatment of spent ion-exchange resins. *At. Energy,* vol. 105; 2008; pp. 351-356. Disponible en: https://doi.org/10.1007/s10512-009-9107-4.

[38] Lafond, E., Cau-Dit-Coumes, C., Gauffinet, S., Chartier, D., Le Bescop, P., Stefan, L. y Nonat, A. Effect of blast furnace slag addition to Portland cement for cationic exchange resins encapsulation. *EPJ Web of Conf. EDP Sci,* vol. 56, n.º 02003; 10 p. Disponible en: https://doi.org/10.1051/epjconf/20135602003.

[39] Palomo, A. y López de la Fuente, J. I. Alkali-activated cementitous materials: Alternative matrices for the immobilisation of hazardous wastes. Part I: Stabilisation of boron. *Cem. Concr. Res.,* vol. 33; 2003; pp. 281-288. Disponible en: https://doi.org/10.1016/S0008-8846(02)00964-X.

[40] Cement-based materials for nuclear waste storage. En: F. Bart, C. Cau-Dit-Coumes, F. Frizon y S. Lorente (eds.). *1st International Symposium on Cement-Based Materials for Nuclear Wastes* (NUW-CEM). Springer; 2013.

[41] Lee, W. H., Cheng, T. W, Ding, Y. C, Lin, K. L, Tsao, S. W. y Huang, C. P. Geopolymer technology for the solidification of simulated ion exchange resins with radionuclides. *J. Environ. Manag.,* vol. 235; 2019; pp. 19-27. Disponible en: https://doi.org/10.1016/j.jenvman.2019.01.027.

[42] Guerrero, A. y Goñi, S. Efficiency of a blast furnace slag cement for immobilizing simulated borate radioactive liquid waste. *Waste Manag.,* vol. 22; 2002; pp. 831-836. Disponible en: https://doi.org/10.1016/S0956-053X(02)00054-5.

[43] Fagerlund, G. Determination of specific surface by the BET method. *Matériaux Constr.,* vol. 6; 1976; pp. 239-245.

[44] AENOR, UNE-EN 196-3:2017. Métodos de ensayo de cementos. Parte 3: Determinación del tiempo de fraguado y de la estabilidad de volumen; 2017.

[45] Tan, Z., Bernal, S. A., Provis, J. L. Reproducible mini-slump test procedure for measuring the yield stress of cementitious pastes. *Mater. Struct.* vol. 50, n.º 235; 2017. Disponible en: https://doi.org/10.1617/s11527-017-1103-x.

[46] Sánchez-Muñoz, L., Garrido, L., Muñoz, F., Sanz, J. Applications of NMR Spectroscopy in the solid state. Madrid: CSIC; 2019.

[47] ANSI/ANS-16.1-2019. Measurement of the Leachability of Solidified Low-Level Radioactive Wastes by a Short-Term Test Procedure; 2019.

[48] Brooks, J. J., Megat Johari, M. A., Mazloom, M. Effect of admixtures on the setting times of high-strength. *Cem. Concr. Compos.*, vol. 22; 2000; pp. 293-301. Disponible en: https://doi.org/10.1016/S0958-9465(00)00025-1.

[49] Zhao, H., Sun, W., Wu, X. y Gao, B. The properties of the self-compacting concrete with fl y ash and ground granulated blast furnace slag mineral admixtures. *J. Clean. Prod.*, vol. 95; 2015; pp. 66-74. Disponible en: https://doi.org/10.1016/j.jclepro.2015.02.050.

[50] Sengul, O. y Tasdemir, M. A. Compressive strength and rapid chloride permeability of concretes with ground fly ash and slag. En: *J. Mater. Civ. Eng.*, vol. 21; 2009; pp. 494-501. Disponible en: https://doi.org/10.1061/(ASCE)0899-1561(2009)21.

[51] American Concrete Institute, ACI CT-13. ACI Concrete Terminology; 2013.

[52] Şahmaran, M., Christianto, H. A., Yaman, I. Ö. The effect of chemical admixtures and mineral additives on the properties of self-compacting mortars. *Cem. Concr. Compos.*, vol. 28; 2006; pp. 432-440. Disponible en: https://doi.org/10.1016/j.cemconcomp.2005.12.003.

[53] De Hita Fernández, M. J. y Criado, M. Influence of superplasticizers on the workability and mechanical development of binary and ternary blended cement and alkali-activated cement. Constr. Build. Mater. vol. 366, n.º 130272; 2023. Disponible en: https://doi.org/10.1016/j.conbuildmat.2022.130272.

[54] Jansen, D., Goetz-Neunhoeffer, F., Lothenbach, B., Neubauer, J. The early hydration of Ordinary Portland Cement (OPC): An approach comparing measured heat flow with calculated heat flow from QXRD. *Cem. Concr. Res.*, vol. 42; 2012; pp. 134-138. Disponible en: https://doi.org/10.1016/j.cemconres.2011.09.001.

[55] Li, Z., Lu, D. y Gao, X. Analysis of correlation between hydration heat release and compressive strength for blended cement pastes. *Constr. Build. Mater,* vol. 260, n.º 120436; 2020. Disponible en: https://doi.org/10.1016/j.conbuildmat.2020.120436.

[56] Fernández, Á., Alonso, M. C., García-Calvo, J. L., y Lothenbach, B. Influence of the synergy between mineral additions and Portland cement in the physical-mechanical properties of ternary binders. *Mater. Constr.*, vol. 66; 2016; pp. 1-12. Disponible en: https://doi.org/10.3989/mc.2016.10815.

[57] Hu, X., Shi, C., Shi, Z., Tong, B. y Wang, D. Early age shrinkage and heat of hydration of cement-fly ash-slag ternary blends. *Constr. Build. Mater.*, vol. 153; 2017; pp. 857-865. Disponible en: https://doi.org/10.1016/j.conbuildmat.2017.07.138.

[58] Hu, J., Ge, Z. y Wang, K. Influence of cement fineness and water-to-cement ratio on mortar early-age heat of hydration and set times. *Constr. Build. Mater.*, vol. 50; 2014; pp. 657-663.

[59] Kapeluszna, E., Kotwica, Ł., Różycka, A, y Gołek, Ł. Incorporation of Al in C-A-S-H gels with various Ca/Si and Al/Si ratio: Microstructural and structural characteristics with DTA/TG, XRD, FTIR and TEM analysis. *Constr. Build. Mater.*, vol. 155; 2017; pp. 643-653. Disponible en: https://doi.org/10.1016/j.conbuildmat.2017.08.091.

[60] Yu, P., Kirkpatrick, R. J., Poe, B., McMillan, P. F. y Cong, X. Structure of Calcium Silicate Hydrate (C-S-H): Near-, Mid-, and Far-Infrared Spectroscopy. *J. Am. Ceram. Soc.*, vol. 48; 1999; pp. 742-748.

[61] García-Lodeiro, I., Fernández-Jiménez, A., Blanco, M. T. y Palomo, A. FTIR study of the sol-gel synthesis of cementitious gels: C-S-H and N-A-S-H. J. *Sol-Gel Sci. Technol.*, vol. 45; 2008; pp. 63-72. Disponible en: https://doi.org/10.1007/s10971-007-1643-6.

[62] Clayden, N. J., Esposito, S., Aronne, A. y Pernice, P. Solid state 27Al NMR and FTIR study of lanthanum aluminosilicate glasses. *J. Non. Cryst. Solids,* 258 (1999) pp. 11-19. https://doi.org/10.1016/S0022-3093(99)00555-4.

[63] Steiner, S., Lothenbach, B., Proske, T., Borgschulte, A. y Winnefeld, F. Effect of relative humidity on the carbonation rate of portlandite, calcium silicate hydrates and ettringite. *Cem. Concr. Res.*, vol. 135, n.º 106116; 2020. Disponible en: https://doi.org/10.1016/j.cemconres.2020.106116.

[64] Tang, P., Wen, J., Fu, Y., Liu, X. y Chen, W. Improving the early-age properties of eco-binder with high volume waste gypsum: Hydration process and ettringite formation. *J. Build. Eng.*, vol. 86, n.º 108988; 2024. Disponible en: https://doi.org/10.1016/j.jobe.2024.108988.

[65] Duque-Redondo, E., Bonnaud, P. A. y Manzano, H. A comprehensive review of C-S-H empirical and computational models, their applications, and practical aspects. *Cem. Concr. Res.*, vol. 156, n.º 106784; 2022. Disponible en: https://doi.org/10.1016/j.cemconres.2022.106784.

[66] Skibsted, J. y Hall, C. Characterization of cement minerals, cements and their reaction products at the atomic and nano scale. *Cem. Concr. Res.*, vol. 38; 2008; pp. 205-225. Disponible en: https://doi.org/10.1016/j.cemconres.2007.09.010.

[67] Murgier, S., Zanni, H., Gouvenot, D. Blast furnace slag cement: A 29Si and 27Al NMR study. *Comptes Rendus Chim.*, vol. 7; 2004; pp. 389-394. Disponible en: https://doi.org/10.1016/j.crci.2004.02.004.

[68] Taylor, R., Richardson, I. G. y Brydson, R. M. D. Composition and microstructure of 20-year-old ordinary Portland cement-ground granulated blast-furnace slag blends containing 0 to 100 % slag. *Cem. Concr. Res.*, vol. 40; 2010; pp. 971-983. Disponible en: https://doi.org/10.1016/j.cemconres.2010.02.012.

[69] Criado, M., Fernández-Jiménez, A., Palomo, A., Sobrados, I. y Sanz, J. Effect of the SiO2/Na2O ratio on the alkali activation of fly ash. Part II: 29Si MAS-NMR Survey. *Microporous Mesoporous Mater.,* Vol. 109; 2008; pp. 525-534. Disponible en: https://doi.org/10.1016/j.micromeso.2007.05.062.

[70] Richardson, I. G., Girão, A. V., Taylor, R. y Jia, S. Hydration of water- and alkali-activated white Portland cement pastes and blends with low-calcium pulverized fuel ash. *Cem. Concr. Res.,* vol. 83; 2016; pp. 1-18. Disponible en: https://doi.org/10.1016/j.cemconres.2016.01.008.

[71] Richardson, I. G., Brough, A. R., Groves, G. W. y Dobson, C. M. The characterization of hardened alkali-activated blast furnace slag pastes and the nature of the calcium silicate hydrate (C-S-H) phase. *Cem. Concr. Res.,* vol. 24; 1994; pp. 813-829. Disponible en: https://doi.org/10.1016/0008-8846(94)90002-7.

[72] Andersen, M. D., Jakobsen, H. J. y Skibsted, J. Characterization of white Portland cement hydration and the C-S-H structure in the presence of sodium aluminate by 27Al and 29Si MAS NMR spectroscopy. *Cem. Concr. Res.,* vol. 34; 2004; pp. 857-868. Disponible en: https://doi.org/10.1016/j.cemconres.2003.10.009.

[73] Brunet, F., Charpentier, T., Chao, C. N., Peycelon, H. y Nonat A. Characterization by solid-state NMR and selective dissolution techniques of anhydrous and hydrated CEM V cement pastes. *Cem. Concr. Res.,* vol. 40; 2010; pp. 208-219. Disponible en: https://doi.org/10.1016/j.cemconres.2009.10.005.

[74] Belova, T. P. y Ershova, L. S. Boron concentration by industrial anion exchanger resins from model solutions in a dynamic mode. Heliyon. Vol. 7, n.º e06141; 2021. Disponible en: https://doi.org/10.1016/j.heliyon.2021.e06141.

[75] Kim, B., Kang, J., Shin, Y., Min Yeo, T. y Um, W. Immobilization mechanism of radioactive borate waste in phosphate-based geopolymer waste forms. *Cem. Concr. Res.,* vol. 161, n.º 106959; 2022. Disponible en: https://doi.org/10.1016/j.cemconres.2022.106959.

[76] Kim, B., Lee, J., Kang, J. y Um, W. Development of geopolymer waste form for immobilization of radioactive borate waste. *J. Hazard. Mater.,* vol. 419, n.º 126402; 2021. Disponible en: https://doi.org/10.1016/j.jhazmat.2021.126402.

[77] Llorente Carrasco, I. *Degradación de hormigones de altas y ultra altas prestaciones por aguas naturales: Análisis en función de diferentes escenarios de lixiviación* [tesis doctoral]. Madrid: Universidad Complutense de Madrid; 2008.

[78] Kamali, S., Moranville, M. y Leclercq, S. Material and environmental parameter effects on the leaching of cement pastes: Experiments and modelling. *Cem. Concr. Res.,* vol. 38; 2008; pp. 575-585. Disponible en: https://doi.org/10.1016/j.cemconres.2007.10.009.